科 学 史 译 丛

西方神秘学指津

〔荷〕乌特 · 哈内赫拉夫 著

张卜天 译

Wouter J. Hanegraaff

Western Esotericism: A Guide for the Perplexed

This translation is published by arrangement with Bloomsbury Publishing Plc.

此译本根据布鲁姆斯伯里出版公司版本译出。

本书翻译受北京大学人文社会科学研究院资助

《科学史译丛》总序

现代科学的兴起堪称世界现代史上最重大的事件，对人类现代文明的塑造起着极为关键的作用，许多新观念的产生都与科学变革有着直接关系。可以说，后世建立的一切人文社会学科都蕴含着一种基本动机：要么迎合科学，要么对抗科学。在不少人眼中，科学已然成为历史的中心，是最独特、最重要的人类成就，是人类进步的唯一体现。不深入了解科学的发展，就很难看清楚人类思想发展的契机和原动力。对中国而言，现代科学的传入乃是数千年未有之大变局的中枢，它打破了中国传统学术的基本框架，彻底改变了中国思想文化的面貌，极大地冲击了中国的政治、经济、文化和社会生活，导致了中华文明全方位的重构。如今，科学作为一种新的"意识形态"和"世界观"，业已融入中国人的主流文化血脉。

科学首先是一个西方概念，脱胎于西方文明这一母体。通过科学来认识西方文明的特质、思索人类的未来，是我们这个时代的迫切需要，也是科学史研究最重要的意义。明末以降，西学东渐，西方科技著作陆续被译成汉语。20 世纪 80 年代以来，更有一批西方传统科学哲学著作陆续得到译介。然而在此过程中，一个关键环节始终阙如，那就是对西方科学之起源的深入理解和反思。应该说直到

20世纪末，中国学者才开始有意识地在西方文明的背景下研究科学的孕育和发展过程，着手系统译介早已蔚为大观的西方科学思想史著作。时至今日，在科学史这个重要领域，中国的学术研究依然严重滞后，以致间接制约了其他相关学术领域的发展。长期以来，我们对作为西方文化组成部分的科学缺乏深入认识，对科学的看法过于简单粗陋，比如至今仍然意识不到基督教神学对现代科学的兴起产生了莫大的推动作用，误以为科学从一开始就在寻找客观"自然规律"，等等。此外，科学史在国家学科分类体系中从属于理学，也导致这门学科难以起到沟通科学与人文的作用。

有鉴于此，在整个20世纪于西学传播厥功至伟的商务印书馆决定推出《科学史译丛》，继续深化这场虽已持续数百年但还远未结束的西学东渐运动。西方科学史著作汗牛充栋，限于编者对科学史价值的理解，本译丛的著作遴选会侧重于以下几个方面：

一、将科学现象置于西方文明的大背景中，从思想史和观念史角度切入，探讨人、神和自然的关系变迁背后折射出的世界观转变以及现代世界观的形成，着力揭示科学所植根的哲学、宗教及文化等思想渊源。

二、注重科学与人类终极意义和道德价值的关系。在现代以前，对人生意义和价值的思考很少脱离对宇宙本性的理解，但后来科学领域与道德、宗教领域逐渐分离。研究这种分离过程如何发生，必将启发对当代各种问题的思考。

三、注重对科学技术和现代工业文明的反思和批判。在西方历史上，科学技术绝非只受到赞美和弘扬，对其弊端的认识和警惕其实一直贯穿西方思想发展进程始终。中国对这一深厚的批判传统仍不甚了解，它对当代中国的意义也毋庸讳言。

四、注重西方神秘学(esotericism)传统。这个鱼龙混杂的领域类似于中国的术数或玄学，包含魔法、巫术、炼金术、占星学、灵知主义、赫尔墨斯主义及其他许多内容，中国人对它十分陌生。事实上，神秘学传统可谓西方思想文化中足以与“理性”、“信仰”三足鼎立的重要传统，与科学尤其是技术传统有密切的关系。不了解神秘学传统，我们对西方科学、技术、宗教、文学、艺术等的理解就无法真正深入。

五、借西方科学史研究来促进对中国文化的理解和反思。从某种角度来说，中国的科学“思想史”研究才刚刚开始，中国“科”、“技”背后的“术”、“道”层面值得深究。在什么意义上能在中国语境下谈论和使用“科学”、“技术”、“宗教”、“自然”等一系列来自西方的概念，都是亟待界定和深思的论题。只有本着“求异存同”而非“求同存异”的精神来比较中西方的科技与文明，才能更好地认识中西方各自的特质。

在科技文明主宰一切的当代世界，人们常常悲叹人文精神的丧失。然而，口号式地呼吁人文、空洞地强调精神的重要性显得苍白无力。若非基于理解，简单地推崇或拒斥均属无益，真正需要的是深远的思考和探索。回到西方文明的母体，正本清源地揭示西方科学技术的孕育和发展过程，是中国学术研究的必由之路。愿本译丛能为此目标贡献一份力量。

张卜天

2016年4月8日

目　　录

前　言

vi

让我们开门见山，直入主题。本书及其介绍的研究领域最终旨在改变读者对西方文化和社会的看法。我们会考察一些关于实在、知识和历史的基本假设。自古以来，特别是自启蒙运动以来，这些假设一直被欧洲人视为理所当然，在如今的全球化时代更是传播到世界上大部分地区。然而，我们考察这些议题时所要采取的角度初看起来似乎出人意料：我们恰恰要关注自启蒙运动以来未成为主流、因而被边缘化为“被拒知识”(rejected knowledge)的那些世界观、修习和认识方式。自20世纪90年代以来，该领域的研究在“西方神秘学”(Western esotericism)这个并不完全令人满意(许多人都曾抱怨过这一点，但无人能给出一个更好的术语)的标签下迅速发展起来。然而，可靠的介绍仍然很罕见，非专业人士很难明辨真假，难以形成关于该领域的总体看法。

这本《指津》便是一部切实可行的指南，引导读者进入西方神秘学这一研究领域，希望能为读者提供一些基础知识和工具，以便进一步探索。本书主要面向人文社会科学领域的学生和老师，但对这类话题感到好奇并想有更多了解的一般读者也会对它感兴趣。虽然本书试图涵盖该领域的所有方面(当然是在一部导论所能及的范围内)，但它并非只是重复了专家们业已熟知的一些信

vii 息，而且还对该领域的未来发展作了审慎的展望。这方面的关键词是历史性、复杂性、开放性、交叉学科或跨学科。尽管一些研究者似乎有不同意见，但神秘学研究绝不只是关于神秘学“本身”（无论它是什么），而总是涉及那些更一般、更大甚至更普遍的问题，所有受过教育的人都会对这些问题深感兴趣。因此，最糟糕的莫过于将西方神秘学完全留给这一领域的专业学者：恰恰相反，我们将会看到，西方神秘学的内容与历史学家、哲学家、科学家、神学家、艺术史家、音乐学家、文学研究者、大众文化研究者、社会学家、人类学家、心理学家和政治学家都极为相关。就像地图上的那些公海，西方神秘学并不专属于某一个人，所有人都能对它进行自由探索。

因此，这本《指津》旨在公开邀请研究者和学者来探索这一领域。毫不夸张地说，神秘学乃是人文学科中最受忽视和误解的研究领域，至少就西方文化而言是如此。这就意味着该领域最有可能产生新的发现和见解。这样的诱惑如何能抵抗？又为什么要抵抗？希望有更多读者对这一领域感兴趣，并亲自前去探索。接下来，我们将提供一张地图和一些中肯的旅行建议，至于旅途中会碰到什么，读者们就只能自行发现了。

第一章　什么是西方神秘学？

“神秘学”(Esotericism)似乎是一个难以捉摸的概念，指的是 [1] 一个同样难以捉摸的研究领域。这个术语往往会在几乎每一个人的头脑中引发强烈的联想——有时是正面的，但往往极为负面——但人人都觉得很难解释它的意思，更不用说解释为什么要认真关注它。但事实上，“西方神秘学”数十年来一直是宗教学术研究讨论的事项，在其他人文学科中也正在吸引越来越多的关注。之所以有这种发展，是因为人们越来越意识到，我们思考西方文化及其历史的传统方式可能一直忽视了某种重要的东西。我们正式的欧美文化身份除了一些众所周知的支柱，即犹太教和基督教的标准宗教传统、理性哲学和现代科学，似乎还存在着另一个维度，对此我们通常知之甚少。希望这本《指津》能作为一部入门教材而填补这一缺漏。

作为理解“西方神秘学”的第一步，让我们先作一个简单的评论：无论这一研究领域是如何定义的，它显然不适合纳入任何既有学科及其研究领域。它看起来并不真的像通常理解的“宗教”，但似乎也不是一种“哲学”，更不会被视为今天的“科学”。然而，它参与了所有这些学科和领域，但又不能归结为其中任何一个，而且被 [2] 它们严重忽视。在18世纪之前，当诸学科开始以目前的形式被建立起来时，该领域仍然被广泛视为思想学术研究的一个重要的、尽管有争议的焦点：神学家、哲学家和从事自然科学的人都在严肃探讨它的思想和含义。而启蒙运动导致它从既定的思想话语和标准的教科书叙事中几乎完全消失。如今，这个领域可以说变得在学术上无家可归，公众和专家对它的认识水平在19世纪急剧下降。直到"二战"之后，特别是自20世纪90年代以来，这种情况才开始改观；不过目前，对"神秘学"的流行看法仍然被业余学术和商业媒体引人误解的产物所主导。

从学术的观点看，西方从古代晚期到现在一直普遍存在的一个广阔而复杂的宗教思想活动领域竟然被学术界所忽视，就好像它不存在——或者被处理为不应当存在——似的，这至少是奇特而罕见的。我们将在第三章对这种在思想史上绝无仅有的现象的原因和历史背景进行探讨。这里只需指出，学术上的排斥和忽视甚至导致基本的学术术语都成了问题：现有的术语或标签无一例外都源于带有激烈辩论性或辩护性的语境，因此带有一般学术话语中的贬义。虽然自20世纪90年代以来，"西方神秘学"已成专业人士所偏爱的标签，但在公众中，它仍然会让人主要联想起当代的"新时代"(New Age)现象。同样，虽然当代学者已在一种精确的意义上对"the occult"[隐秘知识]或"occultism"[隐秘学]这样的术语作了定义，但在更广的社会中，它们仍然会引发一些可疑的联想。事实上，一切现有标签都往往会营造出关于该领域内容的误导图像。中立的、被普遍接受的术语还根本不存在；试图发明一个新的标签以从头开始进行补救，那是无济于事的，因为没有人会3 承认它与该领域有关。当代的专业人士正逐渐形成共识，坚持以

“西方神秘学”(尽管它不无缺点)为总称来处理这些困境。希望随着正经学术的发展，这个标签将最终失去其贬义。

从定义到原型

那么，我们所说的“西方神秘学”是什么意思呢？形容词“esoteric”最早出现在公元 2 世纪，但名词形式却产生得比较晚：似乎是 1792 年造出了德文词 Esoterik，1828 年移到法国学术界(l'ésotérisme)，1883 年出现了英文词 esotericism。[①] 这意味着“西方神秘学”并不是一个自然术语，而是一个人工范畴，在回溯时被应用于至少在 18 世纪末之前还有其他名称的一系列潮流和观念。这也意味着，起初并非所有这些潮流和观念都必然被归在一起：正如我们将在第三章看到的，直到 17 世纪才有人开始尝试将它们呈现为一个连贯的领域，并试图解释它们的共同点。简而言之，“西方神秘学”是一个现代学术建构，而不是一个业已存在的独立传统，只需由历史学家去发现。但这并不意味着关于该领域没有什么“真实的”东西。恰恰相反，“西方神秘学”这一范畴之所以出现，正是因为知识分子和历史学家们开始关注各种思想家和运动的观念和世界观在结构上实际存在的相似之处。我们将在第四章和第

① Wouter J. Hanegraaff, *Esotericism and the Academy*: *Rejected Knowledge in Western Culture*, Cambridge University Press: Cambridge 2012, 334—339; Monika Neugebauer-Wölk, ‘Der Esoteriker und die Esoterik: Wie das Esoterische im 18. Jahrhundert zum Begriff wird und seinen Weg in die Moderne findet’, *Aries* 10:2 (2010), 217—231.

五章更详细地考察这些共同特性。

一些现代学者曾试图通过提出一套标准来定义西方神秘学的本质,可以参照这些标准来判定某种东西是否属于该领域。最著名和最有影响的范例出自该领域的法国开拓者安托万·费弗尔(Antoine Faivre),他于1992年列出了神秘学的四种"内在"特征——联应(correspondences)、活的自然(living nature)、想象/中介(imagination/mediations)、嬗变(transmutation),以及两个非内在特征(传承[transmission]、整合[concordance])。[①] 另一些学者则批评费弗尔的标准,提出了不同进路,从而引出了一系列理论和定义,它们在整个领域的历史和概念边界的划分上看法迥异。[②]

4

为了理解这些专业争论中的真正要害,让我们暂时转向现代认知理论。正如人类学家谭亚·鲁尔曼(Tanya Luhrmann)(在完全不同的语境中)所指出的,在日常实践中,我们在对事物进行分类时通常不会列出正式的标准,而会将事物与"原型"进行比较。原型是一组特征,被认为构成了某一类事物的"好范例":

> 当你在思维中使用原型时,你问的是相关事物是否与该类别中的最佳范例相似,而不是问它是否符合该类别的特定规则或标准。鸵鸟是鸟还是食草动物?原型使用者会问自

① Antoine Faivre, 'Introduction I', in Antoine Faivre and Jacob Needleman (eds), *Modern Esoteric Spirituality*, Crossroad: New York 1992, xv—xx; idem, *Access to Western Esotericism*, State University of New York Press: Albany 1994, 10—15.

② Hanegraaff, *Esotericism and the Academy*, 356 nt. 375 按照时间顺序列出了这些主要贡献的参考书目。

> 己，鸵鸟是更像一只麻雀还是更像一头牛，既依赖于他所能看到的东西，也依赖于一系列背景理论和假设。……当你审视一件家具，以判定它是一张桌子还是一把椅子时，你不会列出你心目中“桌子”、“椅子”等成员资格的规则。那需要时间。它常常也不管用，因为许多类别的成员并不拥有该类别的所有明显标准(像企鹅那样不能飞的鸟仍然是鸟)。……你不会问自己这把椅子是否符合椅子的标准。你看着它，就知道它是一把椅子。①

学者们已经提供了各种各样的形式标准来界定什么东西应该属于、什么东西不应属于“西方神秘学”范畴，但实际上，他们几乎总是通过原型来推理。也就是说，他们心目中已经有了被他们视为西方神秘学类别的一些“最佳范例”，然后再将特定的历史现象与该模型进行比较。根据他们心目中的模型，某些历史潮流可能会被一些学者包括进来，但又会被其他学者排除在外，该领域及其边界的大多数混乱都是这样产生的。以下似乎是现行西方神秘学概念背后三个最常见的模型：(一)“附魔的”(enchanted)前启蒙世界观，它有古代根源，但在现代早期兴盛起来；(二)启蒙运动之后出现的形形色色的“隐秘”(occult)潮流和组织，以替代传统宗教和理性科学；(三)宗教本身的一种普遍的“内在”灵性维度。　5

---

① Tanya M. Luhrmann, *Of Two Minds: An Anthropologist looks at American Psychiatry*, Vintage Books: New York 2000, 41.

模型一：现代早期的附魔

如果更仔细地考察一下安托万·费弗尔所提出的著名标准，我们就会注意到，它们实际上很像是对“附魔”(enchantment)的定义，与之对立的则是与后笛卡尔主义、后牛顿主义和实证主义科学相联系的“除魔”(disenchanted)[①]世界观。费弗尔的“联应”概念最终源于普罗提诺(Plotinus)的“交感”(sympathy)概念：[②]它暗示，宇宙的各个部分是相互关联的，无需中间环节或因果链，因此显然意在取代线性因果性或工具因果性。“活的自然”也与机械论世界观对立：它意味着世界被构想为一个生命有机体，其中渗透着一种无形的生命力，而不是被构想为一部死的机器或钟表。“想象/中介”概念则暗示了一种多层次的柏拉图主义宇宙论，与一个只可还原为运动物质的宇宙相对立；它不仅主张有各种“精微的”实在层次介于纯精神和纯物质这两极之间，而且提出我们可以藉由想象来契入它们(因此，想象是一种认识工具，而不像启蒙理性主义所认为的那样只会制造幻觉)。最后，“嬗变”是指这样一个过程，人或自然经由它可以达到更高的灵性状态甚或神圣状态。

简而言之，根据费弗尔的定义，神秘学就像是对因科学革命、启蒙运动和实证主义科学而渐渐统治西方文化的除魔世界观的一

---

① “disenchantment”是马克斯·韦伯发明的术语，德文原词为“Entzauberung”，中文传统上译为“祛魅”，不确，因为“Entzauberung”特指“魔法的去除”，故这里按照原文译为“除魔”，并且相应地把“enchantment”译为“附魔”。——译者

② 参见 Bernd-Christian Otto, *Magie: Rezeptions-und diskursgeschichtliche Analysen von der Antike bis zur Neuzeit*, De Gruyter: Berlin/New York 2011, 349—56。

种彻底取代。在费弗尔本人看来，西方神秘学的最佳原型可见于现代早期文化——大致从16世纪的帕拉塞尔苏斯(Paracelsus)到浪漫主义时代——所谓的基督教神智学(Christian theosophy)和"自然哲学"(Naturphilosophie)运动，下面我们还会谈它。相应地，任何其他宗教潮流或思想潮流是否应被视为神秘学，取决于它们距离神秘学的这些"最佳范例"有多近。这实际上意味着，现代早期在费弗尔的工作中最为突出，西方神秘学在这个黄金时代前所未有地繁荣。古代和中世纪的来源被认为是一个必要的背景，而不是神秘学的表现本身。最重要的是，从19、20世纪一直发展至今的许多神秘潮流或隐秘潮流是否与神智学/自然哲学的原型足够接近，从而有资格被称为"神秘学"，仍然是成问题的(在费弗尔的作品中从未得到完满解释)。用鲁尔曼的类比来说：如果神秘学是一只附魔的麻雀，明显区别于一头除魔的牛，那么这些后启蒙的神秘学形式就像一些杂交动物，很容易被斥为伪神秘学。

6

不少学者都把神秘学理解成一种与现当代社会的除魔世界观相对的原型的附魔世界观，并指出现代早期是它的黄金时代。费弗尔是其中最杰出的学者，但肯定不是唯一的。英国历史学家弗朗西斯·耶茨(Frances Yates)以她关于文艺复兴时期"赫尔墨斯主义传统"的极富影响的宏大叙事，从一个非常不同的角度和用不同论据创造了一种类似的观点。[①] 正如耶茨所说，这一传统源于

① Frances A. Yates, *Giordano Bruno and the Hermetic Tradition*, Routledge & Kegan Paul/University of Chicago Press: London/Chicago 1964. 参见 Hanegraaff, *Esotericism and the Academy*, 322—334 中的分析。

佛罗伦萨哲学家马尔西利奥·菲奇诺(Marsilio Ficino)对《赫尔墨斯秘文集》(*Corpus Hermeticum*)这部古代晚期文本集成的重新发现和翻译(见第二章)。1471 年该译本的出版使得文艺复兴时期的神秘学在 16、17 世纪作为一种受魔法、个人体验和想象力所主导的世界观兴盛起来。它促进了一种肯定世界的神秘主义,与"附魔"的整体论科学相一致,视自然为一个活的有机整体,渗透着无形的力和能量。根据耶茨的说法,它反映了一种自信、乐观和前瞻的视角,强调人有潜力用新科学来影响世界,从而创造出一个更加和谐美好的社会。

和费弗尔的西方神秘学一样,弗朗西斯·耶茨所说的赫尔墨斯主义传统也在现代早期蓬勃发展,作为对既定宗教和理性主义科学的一种"附魔"替代。其文献资料可以追溯到古代晚期,但耶茨在"黑暗"的中世纪与文艺复兴时期文化中新出现的美妙而优雅的赫尔墨斯主义魔法之间划了一条清晰的分界线。她比费弗尔更为清晰果断地宣称,"赫尔墨斯主义传统"在 17 世纪已经随着现代语文学和自然科学的兴起而渐趋结束。但她在 20 世纪六七十年代的许多热情读者却往前迈进了一步。他们认为,在现代之初,文艺复兴时期的魔法和附魔的世界观已经不敌基督教和科学,此后对其存在的记忆遭到压制,几乎被摧毁。新发现的"赫尔墨斯主义传统"成了其中一些人与当代政治、宗教和科学作斗争的灵感来源,他们尝试使世界"复魔"(re-enchant),让"想象重掌权力"。这使得耶茨的叙事与当代关切高度相关。自 20 世纪 60 年代以来,新的魔法运动或灵性运动方兴未艾,许多参与者或同情者开始把文艺复兴时期的赫尔墨斯主义视为自己的先驱。

7

耶茨和费弗尔是将神秘学纳入从文艺复兴到启蒙运动时期蓬勃发展的一种附魔世界观模型最显著的例子。这暗示神秘学根据定义就必定与世俗世界相左，永远也不可能被视为现代文化和社会的一个必不可少的维度。即使它在启蒙运动之后的条件下得以幸存，也只能作为一种反现代的“反主流文化”来致力于最终毫无希望的“逃离理性”。[①] 这至少是20世纪六七十年代许多社会学家对于这一时期异常繁荣的新宗教运动和隐秘潮流的真实看法：占统治地位的“世俗化论题”声称，宗教和魔法在一个越来越理性化的科学时代不可能有未来，所以必须把这种“隐秘知识复兴”(Occult Revival)(连同“东方复兴”)斥为非理性主义的表现和对一个浪漫化过去的徒劳渴望。

模型二：(后)现代的隐秘知识

从18世纪至今，神秘学在现当代的表现无疑表明其观念和信念在前启蒙模型中有其历史起源。接下来我们会遇到许多例子。8 但如果认为这些传统世界观仅仅是过去的“残存”，一直以原初的形式存在着，未受现代趋势和发展的影响或改变，那将是一个错误：认为那些魔法的、神秘的或隐秘的概念本质上是静态的，“不会发生改变”，这是一种实证主义的陈词滥调，已被多次证明是错误的。[②] 恰

① James Webb, *The Occult Underground*, Open Court: La Salle, IL 1974, ch. 1.

② Hanegraaff, *Esotericism and the Academy*, 184—188(参考 Brian Vickers, ‘On the Function of Analogy in the Occult’, in Ingrid Merkel and Allen G. Debus [eds], *Hermeticism and the Renaissance: Intellectual History and the Occult in Early Modern Europe*, Folger Books: Washington/London/Toronto 1988, 265—292).

恰相反，正如我们将在第七章看到的，自19世纪以来，在世俗社会新的文化和知识发展的影响下，从现代以前和现代早期继承下来的观念和世界观发生了彻底改变，产生了令人惊讶的、前所未有的新成果。

正如我们所看到的，第一个模型意味着，神秘学的这些后启蒙形态永远只能是对实际事物间接的、衍生的或有缺陷的歪曲：通过与世俗思想妥协，神秘学的完整性和真实性必定会受损，所以它在现当代的表现无法通过模型及其原型范例来完全确认。但完全可以把这一论点反过来。毕竟，直到18世纪之后，神秘学或隐秘知识（the occult）本身才开始作为一种社会现象而出现。在那之前，它只是一种在学术著作和流行读物中表现出来的思想传统；但只有现在，它才以实际组织和社会网络的形式表现出来，开始在一个多元主义的宗教“市场”中与既定的教会组织相竞争。从这样一种角度来看，恰恰是在现当代文化中显示出来的隐秘知识才是最重要的核心现象，因此正是在这里，我们才可以期待找到西方神秘学的“最佳范例”或原型。较早的时期也许对于提供某种历史背景是有意义的，但对于理解隐秘知识并非至关重要；任何用来界定和划分该领域的形式标准都必定源于它在启蒙运动之后的表现。对这种立场的纲领性表述远比在第一个模型的情况下更难找到，因为其主要代表人物往往来自社会科学，很少有兴趣将其置于更广的历史语境中。它们主要关注存在于此时此地的东西，很少关心它可能来自何处。换句话说，我们这里并非在讨论关于启蒙运动之前和之后神秘学的本质和历史发展的任何明确的（甚至是含蓄的）理论或信念，而只是有兴趣把隐秘知识当作现当代大众文化中的一种现象来研究。①

在这第二个模型中，“神秘学”或隐秘知识并不是一种业已失去或遗忘的附魔世界观的怀旧对象，而是一个与未来有牵连的此时此地的维度。社会学家们在 20 世纪六七十年代第一次开始研究隐秘知识时，认为这是一种令人惊讶的、有些令人不安的社会“异常”现象，关注的是“反常的”知识声明，似乎反映了年轻人针对科学和既定宗教所作的反叛。② 除了一种全身心的但显然是徒劳的对理性化和现代性前进步伐的反抗，他们在其中几乎看不到别的东西。然而近年来，社会学家和宗教史家们已经开始把隐秘知识看成现代性的一种重要表现。③ 事实证明，关于宗教即将消亡的预言至少是不成熟的；情况已经越来越清楚，神秘潮流或隐秘潮流乃是现代文化的一个永久特征。自现代诞生以来，它们一直很活跃，无论我们是否喜欢，它们似乎都要留在这里。因此在当前的学术界，隐秘知识不再被视为一种边缘的、令人不快的反常，即某种“不应存在”的东西，而被视为宗教在新的历史社会条件下不断得到改造的极为重要的表现。例如，自 20 世纪 90 年代以来，新的信息通信技术和新媒体的迅猛发展似乎导致了一种后现代的隐秘知识，它

① 例如 Christopher Partridge，*The Re-Enchantment of the West*，2 vols，T&T Clark：London/New York 2004。

② 例如 Edward A. Tiryakian (ed.)，*On the Margin of the Visible：Sociology，the Esoteric，and the Occult*，John Wiley & Sons：New York，etc. 1974（特别参见 Tiryakian 和 Marcello Truzzi 的文章）。

③ 例如 Alex Owen，*The Place of Enchantment：British Occultism and the Culture of the Modern*，University of Chicago Press：Chicago/London 2004；Corinna Treitel，*A Science for the Soul：Occultism and the Genesis of the German Modern*，The Johns Hopkins University Press：Baltimore/London 2004。

有趣但又有意模糊了虚拟与现实的界限。应当注意的是,在目前关于这类主题的学术作品中,对"隐秘知识"概念的使用往往相当模糊,大多被用作与通灵或超常现象有关的东西的速记:例如,现在宗教学者指出,对流行漫画或角色扮演游戏中"超能力"的迷恋乃是"神圣者"在当代大众文化中显示自己的一个重要例子。[①]

10 于是,隐秘知识远非任何特定的历史传统,在当今的许多学术作品中,它往往只被看成一个方便的现代术语,用来指那些奇特的现象和极端的体验,这些现象和体验(据信)在各个时间地点都有报道,在现当代社会显然也仍然存在。本书认为,这类研究的确是西方神秘学研究的重要组成部分,但只是一个维度而已。上述第一个模型(即"现代早期的附魔")的本质弱点在于,它无法完全严肃地看待现当代的神秘学形态本身:它只是相对于其前启蒙祖先来理解这些形态,相比之下这些祖先必定要更优越。但第二个模型的弱点在于缺乏历史深度。它的确严肃地看待现当代的隐秘知识,但却没能认识到,任何现象的根源和起源都是该现象不可分的一部分。研究隐秘知识而又不把它置于历史视角中,有点像把9·11事件归结为"一次恐怖主义行为",同时又认为伊斯兰激进主义或西方殖民主义政治的历史与理解9·11事件的性质和原因毫不相关。同样(与第二个模型的反历史倾向相反),除非把研究纳入更广泛的历史背景,否则我们将无法理解隐秘知识;但在这样做的时候(与第一个模型的反现代倾向相反),我们应当和它的前启

① Jeffrey J. Kripal, *Mutants & Mystics: Science Fiction, Superhero Comics, and the Paranormal*, University of Chicago Press: Chicago 2011.

蒙祖先一样严肃地看待它。

模型三：内在传统

根据第三个有广泛影响的西方神秘学模型，这个术语代表一些“内在”传统，它们关注实在的一种普遍的灵性维度，而不是纯粹外在的宗教机构和既定宗教的教义系统。此模型最接近形容词“esoteric”[秘传的]在古代晚期的原始含义，此时它指的是专为一些灵性精英而准备的秘密教导，比如毕达哥拉斯学派的兄弟会或一些神秘宗教群体。根据这个模型，公开的(exoteric)教导针对的是那些缺乏教养的大众，仅凭宗教仪式和教条的信念系统就能使他们满足。然而，在传统宗教的表面背后是更深层的真理，只有被引入宗教和哲学真正奥秘大门的人才能知晓这些真理。 11

根据这个模型，真正秘传的灵性最终必定是同一个东西，它独立于社会、历史或文化环境。无论在何种传统中成长起来，那些拒绝满足于外在表现和有限教条系统的人总能契入关于世界、神和人类命运的普遍真理，所有伟大的神秘主义者和灵性导师都一直在谈论它。因此，“西方”神秘学只是一个更大领域的一部分：印度教、佛教、萨满教等所有非西方的宗教和文化，其秘传教导最终必定指向表面现象背后的同一个隐秘实在。

在现代宗教学中，对寻求这样一种“内在”普遍维度的历史潮流的研究在专业上被称为“宗教主义”(religionism)。[①] 在美国特

① Hanegraaff, *Esotericism and the Academy*, 126—127, 149, 295—314.

别是在米尔恰·伊利亚德(Mircea Eliade)及其学派的影响下,该议题已经深刻地影响了第二次世界大战之后的宗教研究,这个过程有时极为微妙和复杂,侧重点也各不相同;研究西方神秘学的一些最有影响力的学者——从昂利·科尔班(Henry Corbin)和早期的费弗尔,到阿瑟·韦尔斯路易斯(Arthur Versluis)和尼古拉·古德里克-克拉克(Nicholas Goodrick-Clarke)这样的当代学者——都曾明确受到宗教主义议题的启发。然而,尽管西方神秘学研究在很大程度上要归功于这些先驱者的工作,但是自20世纪90年代以来,学术主流已经开始远离宗教主义进路,到了21世纪初就更是如此。原因在于,以某种方式潜藏在一切形式的宗教主义背后的"内在维度"模型暗含着一些很成问题的结论。

最重要的(也是最明显的)是,它基于这样一种信念,即确实存在着一个普遍的、隐藏的、神秘的实在维度。然而,学术方法根据定义就是"公开的",即只能研究观察者可由经验获得的那些东西,无论其个人信念是什么:学术界没有任何工具来直接契入这个模型所假定的真实而绝对的实在,这一实在的存在性无法被证实或证伪。那个绝对者或神圣者根本不可能成为研究对象:学者们所能做的仅仅是研究业已提出的关于它的信念或理论,但身为学者,他们没有资格评判其真假。起初,许多研究神秘学的人都觉得这令人失望和沮丧,但这只是认识到学术研究可以做什么、不可以做什么的界限罢了。一些学者声称,既然科学和学术发现不了神圣者或绝对者,那它就不存在。但承认我们根本不知道或不可能知道,在逻辑上要更加一致。既不肯定也不否认有可能通过科学和学术以外的手段(比如灵性技能或神秘冥想)来发现实在的真正本性，这种立场在专业上被称为“方法上的不可知论”。

从严格历史研究的角度来看，神秘学作为实在的“内在维度”的模型也是有问题的。关于神秘学，如果真正重要的只是一种普遍真理，那么认识或关注历史特殊性、个体创造性、新颖性、变化与发展就没有什么余地或根本没有余地。但除了声称统一性和普遍性，历史学家们必定会强调，不同历史时期和社会背景中各种“神秘学”潮流和观念之间事实上存在着巨大差异。古代的赫尔墨斯主义文本，雅各布·波墨(Jacob Böhme)或伊曼努尔·斯威登堡(Emanuel Swedenborg)等人的神智学幻想，阿莱斯特·克劳利(Aleister Crowley)等隐秘学魔法师，当代的新时代人(New Agers)等等，都有其特定历史社会背景下所特有的、往往相互排斥的、极为不同的世界观和议题。宗教主义者往往会淡化这些背景因素的重要性，认为它们仅仅是“外在的”，最终与最重要的“内在”维度无关。结果对他们来说，神秘学研究就等于提供一些有代表性的思想家和实践者，这些人——正如我们看到的，根据正常学者仍然无法理解的一些标准——最好地例证了其自认为永恒有效的真理。

在这部《指津》中，这三个模型都不是可以作为规范的讨论基础。我们将把西方神秘学看成一个由潮流、观念和修习所组成的完全多元的领域，可以从古至今进行研究，而不认为某个历史时期或某一特定的世界观要比其他的“更神秘”(即更接近某个首选的模型)。从这种角度来看，并不存在神秘学的“最佳范例”这样一种东西，也没有什么原型的“神秘学家”。但这种进路显然回避了定 13

义和划界的问题，因为它仍然假定，整个领域可以作为不同于其他研究领域的东西而被分开。

那么，在什么基础上我们可以这样做？根据本章开篇那段话可以非常简要地说：我们现在所谓的西方神秘学领域可以说是18世纪以后学术专业化的主要受害者。最初使之分离出来的是它作为“被拒知识”的现代地位：它恰恰包含着已被启蒙理论家及其思想继承者扔进历史垃圾堆的一切事物，因为它被认为与标准的宗教、理性和科学概念不相容。18世纪以后主流知识分子的共识是，在学术话语中最好是避免和忽视这个领域，而不是对它的思想和发展进行详细研究和分析；它被认为与有教养的人应当认真对待的一切事物截然对立。我们将会看到，这个排斥和忽视的过程并非发生在一夜之间：相反，它是从古代晚期开始的一段由辩护、辩论和谈判所组成的漫长历史的最终结果，所涉问题是，哪些世界观和认识进路可以接受，哪些应当拒绝。正是经由这些争论，新兴的宗教精英和知识精英才定义了自己的身份。

说西方神秘学是学术界被拒知识的垃圾箱，并不意味着它只是没有任何进一步关联的被拒材料的随机收集。恰恰相反，关于这个被拒斥领域的主要特征，在18世纪前后已经达成了广泛共识。虽然永远不要照字面去理解与辩论有关的叙事——它们几乎天然会为了达到最大效果而进行夸张和简化——但这些特征的确符合在西方文化史上扮演着重要角色（尽管一直富有争议）的可辨认的世界观和认识进路。总之，在本书的其余部分，我们将研究一

14 个庞大而复杂的研究领域，它（1）已被主流宗教思想文化设定为“他者”，由此它也界定了自己的身份，（2）其典型特征是极力强调

与规范的后启蒙思想文化相左的特定世界观和认识论。这是我们所能到达的距离西方神秘学的定义最近的地方。[①] 我们将在第三章讨论第一个要素，在第四章和第五章讨论第二个要素。

西方的其余部分：犹太教、基督教、伊斯兰教

当我们把这一领域称为西方神秘学时，我们究竟是什么意思呢？回答这个问题有若干种方式，我们将会看到，它们蕴含着关于这个研究领域的性质及其基本议题的重要看法。关于这些议题有诸多混乱，因此需要把它们明确提出来。

一个初始的关注点是，这个术语也许很容易暗示整个神秘学领域内部有某种基本的东西方区分，暗示除西方神秘学之外必定还有一种“东方神秘学”。我们已经看到，基于“内在维度”原型的宗教主义观点所作的恰恰是这个假定。因为它认为，个人契入普遍灵性真理的内在途径是所有人原则上都可以获得的，西方神秘学在东方必定有其对应。这样一种观点的逻辑结果是，“神秘学”研究成了一种比较宗教研究，试图发现全世界“内在”宗教共同的东西。但无论对这项规划本身有何看法，它肯定不能代表这里所理解的西方神秘学研究。即使撇开宗教主义本身的问题（见上），在宗教主义基础上对宗教经验所作的比较研究也不需要“神秘学”这个标签。自 19 世纪以来，这类研究思路已经独立地发展和组织起来，现在已有自己成熟的议程、网络和文献。诚然，西方神秘学

① 更多论证可参见 Hanegraaff, *Esotericism and the Academy*, 368—379。

15 中有很多东西必定会让这一领域的学者感兴趣，对东西方体验宗教的种种形式作系统比较肯定也可以使我们学到很多东西，但这两种纲领根本不一致。于是，为了避免任何混乱，这里应当明确指出，不能把“西方”这个形容词理解成一个更大领域中的限定词，以划定某种世界范围的一般“神秘学”的西方部分。相反，其目的是强调神秘学作为一个西方固有研究领域的特异性，而不是对这个术语作出全球化或普遍化的理解。

但是，作出任何这样的声明都会带来关于“西方”神秘学概念的另一个重要议题。出现于启蒙运动时期并为我们所继承的“被拒知识”这个范畴，乃是从古代到 18 世纪由基督教思想家所主导的复杂的辩护与辩论所达成的最终结果。有时有人指出，把这样一个范畴称为“西方神秘学”是不恰当的，因为此标签暗中边缘化了犹太教和伊斯兰教神秘学潮流在欧洲宗教史上的重要作用。这种说法很有分量，因为关于“基督教西方”的传统宏大叙事（本质上基于教会史所采用的模型）的确往往会强调基督教在欧洲的作用，而牺牲了几乎其他一切。这些进路受到一些现代学者的正确批评，他们强调，恰恰相反，欧洲宗教一直以宗教多样性和多元竞争为标志。[1] 除了基督教及其各个教派，犹太教和伊斯兰教也应被视为欧洲宗教叙事中不可或缺的组成部分，古代的各种“异教”传统以及对学术话语和流行做法继续发挥重要影响的欧洲本土文化

---

① Hans G. Kippenberg, Jörg Rüpke and Kocku von Stuckrad (eds), *Europäische Religionsgeschichte*: *Ein mehrfacher Pluralismus*, 2 vols, Vandenhoeck & Ruprecht: Göttingen 2009.

也是如此。从这一角度来看，似乎自然会得出这样的结论：任何自称“西方神秘学”的领域都必须全面涵盖复杂多样的西方文化，因此应对犹太教、基督教和伊斯兰教的神秘学传统予以同等的重视。

虽然至少在理论上可以举出强有力的论据来支持这种进路，但出于种种理由，我们将不在本书中采用它。首先，一个非常实际的理由是，犹太教和伊斯兰教的“神秘主义”（mysticism，这是另一个成问题的术语，与“神秘学”相比，这些领域中的大多数学者仍然更倾向于使用“神秘主义”这个词）已经发展成相对独立自主的研究领域，把这里的学术成果复制到另一个标签下并非特别必要。16 此外，跨越这些不同领域边界的跨学科研究的可能性有限，主要是语言上的原因：一个人如果不能流畅地阅读希伯来文和亚兰文，就不可能在卡巴拉（kabbalah）研究中取得很大进展；如果不熟悉阿拉伯语或波斯语，就不可能深入研究苏菲主义（Sufism），许多相关的现代学术成果尚无英语或其他现代西方语言的译本。这一切都严重制约了对这三种亚伯拉罕宗教的神秘学进行比较的美好理想。也许是由于这个原因，即使是口头上最坚定地捍卫这样一种包容性的西方神秘学纲领的人也没能将其付诸实践。

第二个论据与犹太教、基督教和伊斯兰文化的相关传统的内部历史有关。近年来，学者们变得比以前更关注跨教派交流（interconfessional exchange）和跨越既定宗教界限的“话语转移”（discursive transfer）的重要性，这是对认为一神论宗教或圣经宗教各自以某种孤立方式发展的重要纠正。但这一点不应被过度夸大。犹太教和伊斯兰教的“神秘学”形态仍然是作为相对独立自足的传统而出现和发展的，在其大部分历史中，只有虔诚的犹太人和穆斯林才能在其各自的共同体内部接触到。简单的理由同样是，他们需要能够流畅地阅读相关语言并且非常熟悉各自的圣经：一个人如果不熟悉希伯来圣经及其评注，就不可能研究古典犹太教的卡巴拉，如果不懂用阿拉伯语写成的《古兰经》的诗性语言，也无法理解伊斯兰的“神秘主义”。除非持一种极端的宗教主义观点，认为任何“外在”之物都来自某个普遍的“内在”来源，否则这本身就会让人难以置信，在犹太教、基督教和伊斯兰教背景下会独立发展出基本上相同类型的“神秘学”。还有更多的理由可以强调每一个的特异性和相对唯一性。这一点可以“神秘学”(esotericism)一词为例来说明。在犹太教背景下，它与揭示《摩西五经》中隐秘含义的复杂程序有关。在基督教背景下，对“秘密”或“隐秘知识”的许多关切则要得益于自然中的“隐秘”(occult)性质这一概念。而在伊斯兰文化中，不仅在其神秘的或秘传的表达形式中，甚至在《古兰经》本身的文本中(57.3章)，我们也发现实在的明显的或外在的维度(*zahir*)与其隐藏的或内在的维度(*batin*)之间有一个基本区分。这张清单还可以继续扩展下去。虽然它们都与秘密或隐藏有某种关系，但这些都是非常不同的概念，有着不同的历史和概念背景，若彼此还原就必定会导致简化和失真。简而言之，要想显示有某种背后的基本结构使我们可以把犹太教、基督教和伊斯兰教的种种“神秘学”形态看成本质上同一个领域的变种，绝不像初看起来那么简单。认为一神论宗教或圣经宗教共同具有一种超越教派的神秘学，这种想法本身很可能是后启蒙学者盘算出来的。

因此在这本《指津》中，我们将集中于从古代晚期经由西方基督教文化一直到启蒙运动以及后续现代世俗文化的谱系。对于与犹太教、拜占庭和伊斯兰文化的互动和交流，只要相关，我们显然会予以应有的关注；但事实证明，对于解释为什么该领域会有一种相对自主的地位，与继承自古代晚期的异教传统的互动交流要更重要。不过仍然可以认为，“西方神秘学”这个术语本身反映了一种不幸的霸权视角，不顾宗教多元性一直是西方文化中的常态，要将欧洲的犹太教和伊斯兰教边缘化，以促进一种意识形态的“基督教叙事”。但这也正是问题所在。正如我们将在第三章看到的，将“西方神秘学”理解成一个独立的领域，的确是在基督教辩护与辩论的具体语境中作为一种独特的霸权化构建而出现的（不过反对的是“异教”，而不是犹太教或伊斯兰教）。无论我们是否喜欢，这就是我们所继承的遗产，应当尽力去理解。

18

第二章 简史

曾有学者数次尝试写一部“西方神秘学史”，其最重要的组成部分各自都有可靠的历史介绍（见第九章）。由于这本《指津》采取了一种以主题和问题为导向的进路，所以本章只对理解该领域必不可少的基本历史潮流和传统作一简短概述，而并不尝试深入任何细节。其目标仅仅是提供一幅基本的“地图”作为初始的向导，否则这将是一个极为混乱的研究领域。

希腊化文化中的“灵知”

西方神秘学起源于古代晚期的希腊化文化，其标志是希腊哲学与本土宗教传统（尤其是埃及人的那些宗教传统）之间复杂的混合。在希腊化晚期许多作家的作品中，柏拉图主义变成了一种带有自己神话和仪式的宗教世界观，集中于获得一种带来拯救的“灵知”(gnōsis)，藉此可以将人的灵魂从其物质纠缠和牵累中解放出来，恢复与神的心灵的合一。持有这种信仰的思想家们普遍认为，柏拉图的哲学最初并非产生于希腊的理性思想，而是奠基于东方民族尤其是波斯人、埃及人和希伯来人更为古老的宗教智慧传统。这种广泛传播的对柏拉图学说的理解或可称为“柏拉图学说东源

19

论"(Platonic Orientalism)，而不是把柏拉图主义理解成一种建立在苏格拉底对话基础上的希腊哲学的理性主义传统。

我们将一些思想家归于所谓的中期柏拉图主义者(Middle Platonists)，他们都在一种宽泛的柏拉图主义框架内关注这种拯救性的灵知。根据西方神秘学的后续历史，被称为"赫尔墨斯主义"(Hermetism)的埃及希腊化传统是其最重要的表现形式之一。[①] 该名称指的是一个传说中的、有些被神化的智慧导师——三重伟大的赫尔墨斯(Hermes Trismegistus，原本是希腊神赫尔墨斯和埃及神托特[Thoth]的一种融合)，他被认为在很古老的时代就已盛行于埃及。事实上，被归于赫尔墨斯或者他起核心作用的幸存文本可以追溯到公元2、3世纪。就赫尔墨斯主义的宗教教导而言，这些文本中最重要的有：所谓的《赫尔墨斯秘文集》(*Corpus Hermeticum*，在中世纪的拜占庭被编在一起的17篇独立论文)；一部名为《阿斯克勒庇俄斯》(*Asclepius*)的仅以拉丁文流传下来的更大篇幅的作品；直到1945年才发现的被称为《第八和第九论说》(*Treatise of the Eight and the Ninth*)的入门仪式文本。这些文本包含着关于神、世界和人之真实本性的专业讨论，但指出哲学论说仅仅是宗教拯救的准备。赫尔墨斯主义的热情拥护者必须超越单纯的理性认识和世俗牵绊，通过(实实在在地)在一

① 关于"Hermetism"(特别是"哲学性的"赫尔墨斯主义著作及其评注)和"Hermeticism"这个更为宽泛模糊的术语，参见 Antoine Faivre, 'Questions of Terminology Proper to the Study of Esoteric Currents in Modern and Contemporary Europe', in Antoine Faivre and Wouter J. Hanegraaff (eds), *Western Esotericism and the Science of Religion*, Peeters: Louvain 1998, 1—10，这里是 4 and 9。

个非物质的光明灵体中重生而获得拯救和最终解脱。这个解脱和嬗变过程的顶点是灵性的飞升,最终与神圣光明(divine Light)的至高力量幸福地合一。物质身体和性冲动是实现这一目标所必须克服的障碍;然而一旦赫尔墨斯主义者已得重生,“其灵性之眼睁开”,就会发现神无形地存在于万事万物之中。至于赫尔墨斯主义著作是一种纯文学的文本,还是被用于实际的共同体中并附有独特的仪式修习,学者们仍然莫衷一是。

虽然赫尔墨斯主义是异教的埃及希腊文化的产物,但追寻灵知在基督徒当中也很普遍。“灵知”一词被特别是亚历山大里亚的克雷芒(Clement of Alexandria)等少数教父在正面意义上使用,但更多是与所谓的灵知主义(Gnosticism)联系在一起。在视之为异端邪说的伊里奈乌(Irenaeus)、希波吕托(Hippolytus)、埃皮法纽(Epiphanius)等教父发起的论战的影响下,灵知主义传统上被视为一种二元论宗教,主张神圣光明之灵光(sparks)曾被囚禁在物质世界中,必须摆脱物质世界才能回到其神圣源头。根据基本的灵知主义神话,自身载有神圣光明之灵光的那些人正在反抗巨匠造物主(Demiurge),这是一个无知或邪恶的神(常常与《旧约》中的神联系在一起),他创造了这个黑暗无知的低级世界作为灵魂的牢狱,试图阻止人类觉悟到自己真正的神圣身份。通过获得对其神圣起源的“灵知”,灵知主义者须逃离巨匠造物主及其恶魔助手阿尔康(archons)的世界,后者会极力阻止他们死后上升,穿过天球找到回到其神圣光明家园的道路。1945 年,在埃及发现的《拿戈玛第经集》(Nag Hammadi library)轰动了世界,它使此后对这些灵知主义潮流及其与基督教之间关系的描述远比之前更加复杂。

学者们不再将神学正统与灵知主义的二元论异端(将"灵知主义"与教会宗教)简单对立起来,而是开始强调基督教本身以多种层次和类型存在,包括或多或少"灵知主义"的变种。根据这种逻辑,一些学者现在认为最好是放弃"灵知主义"这个词。[①]

希腊化古代晚期的第三种重要趋向是被称为通神术(Theurgy)的仪式活动。其最早的见证是被归于通神师朱利安(Julian the Theurgist,公元 2 世纪)的所谓《迦勒底神谕》(*Chaldaean Oracles*),它在今天所谓的新柏拉图主义哲学环境中兴盛起来。通神术在很多方面仍然相当神秘,因为幸存资料并不足以告诉我们它是如何运作的,但它显然与一种仪式活动有关,神被认为在这种仪式中现身,并与新柏拉图主义的修习者相沟通。谈到通神术,扬布里柯(Iamblichus)是最核心的权威人物,他极力强调,通神术既不涉及祈请神或迫使神现身的"魔法"操作,也不涉及基于人有限理智能力的哲学程序。相反,通神师会做一些"不能以言语表达的活动",使用一些只有诸神才能理解的"不可言喻的符号",然后诸神凭借自己的力量把通神师的心灵提升到神。[②] 和古代晚期追寻灵知的其他许多表现(特别是赫尔墨斯主义)一样,通神术的合一似乎需要引发不同寻常的、迷狂或恍惚的意识状态,藉此直接经验到神。

21

① 特别是 Michael Allen Williams, *Rethinking 'Gnosticism:' An Argument for Dismantling a Dubious Category*, Princeton University Press: Princeton 1996。

② Iamblichus, *De Mysteriis* 96,13—97,9.

自然的秘密:魔法、占星学、炼金术

除了寻求灵性拯救和对神的认识,西方神秘学还涉及研究自然及其隐秘的法则和动力。在现代世俗文化中,我们习惯于将这些关切归于“宗教”和“科学”这两个分离的领域,但在前启蒙的背景中,这些边界要模糊和可渗透得多:如果自然为神所造,或者更彻底地说,如果自然是从神自身的存在中流溢出来的,那么自然的秘密必定会以某种方式分有神的领域,或至少反映了神的经纶(divine economy)的奥秘。我们将在第三章看到这些观念是多么复杂和有争议。在自然研究中,魔法、占星学和炼金术这三个非常相关的领域常常被冠以“隐秘科学”(occult sciences)这个成问题的标签,这里我们将避免使用。[①]

这三者中,魔法是最难把握的。主要原因是,在后启蒙的学术中,无数作者都把它用作一个与“宗教”和“科学”相较量的通用范畴。但从历史角度来看,这是不成立的:如果投射到过去,那么由爱德华·伯内特·泰勒(Edward Burnett Tylor)和詹姆斯·弗雷泽(James Frazer)所开创的著名的“魔法-宗教-科学”三元组将会导致极大的简化和时代误置的扭曲。[②] 在西方文化史上,“魔法”实际上有具体得多的各种不同含义。其中一种含义乃是犹太教和

① 关于这个标签的问题,参见 Wouter J. Hanegraaff, *Esotericism and the Academy: Rejected Knowledge in Western Culture*, Cambridge University Press: Cambridge 2012, 177—191。

② 参见第六章,pp. 104—105。

基督教根据第一和第二诫命抨击异教偶像崇拜的直接遗产。根据这种理解，所有形式的“魔法”都是基于与恶魔的接触，这些恶魔不过是旧的异教神祇，比如伪装成光明天使试图欺骗人类，并应许人类以力量，以换求顺服和崇拜。现代早期欧洲巨大的巫术迫害浪潮正是基于这样一种对“恶魔魔法”(demonic magic)的理解。不过，与我们目前的关切更相关的是另一种自然魔法(*magia naturalis*)概念。它出现在后来的中世纪，试图表明被普通人归咎于恶魔的许多奇迹现象其实可以用纯粹自然的方式来解释。换言之，自然魔法概念试图从神学控制中收回自然研究，主张自然研究与恶魔的干预毫无关系。自11世纪以来，古代晚期大量自然科学文献的重见天日使这样一种观念几乎成了必然。罗马帝国衰落后，这一思想传统在基督教文化中一直受到压制和忽视，但被伊斯兰学者保存了下来，他们将其中许多资料从希腊文译成了阿拉伯文，并进行了研究。中世纪的时候，丰富而充满活力的思想文化在西班牙半岛上发展起来；1085年托莱多陷落后，基督徒有机会看到保存在穆斯林图书馆中丰富的学术文献。大量与古代科学有关的抄本被从阿拉伯文译成拉丁文，结果引发了一场中世纪的“科学革命”，对后来西方文化的发展产生了巨大影响。自然魔法的一个重要部分是对所谓的隐秘性质(occult qualities)亦即自然之中那些神秘力量的研究，比如磁力或者月亮对潮汐的影响，它们无法用中世纪科学来解释。最终，这个概念渐渐把各种“看不见的力量”包括进来，比如从恒星辐射出去的影响、被归因于人的想象力或恶目(evil eye)的伤人力量，等等。从原则上讲，自然魔法试图以自然科学的方式来解释这些现象，不过在此过程中，学者们相信被其他人视为

22

超自然的、很可能是恶魔式的“隐秘力量”是实实在在的。从后一 23 角度来看，希腊化世界的科学是一匹特洛伊木马，异教的恶魔影响经由它再次得以进入基督教文化。因此，魔法始终是一个徘徊在魔鬼学与自然科学之间的极为模糊的范畴。

古典占星学根植于普遍的、不可改变的自然法则概念，这与它在启蒙运动之后作为“隐秘科学”或典型迷信的声誉形成了鲜明对比。大约在公元前2世纪的埃及，占星学已经发展成一种严格因果性的宇宙论模型，试图根据天体的永恒重复旋转来解释月下世界的一切变化和影响。因此，它被称为“古代最全面的科学理论”，可以用数学模型来预测因果世界中一切可能的变化。[①] 它在亚里士多德自然哲学的基础上假定，由土、水、气、火四元素构成的月下世界是惰性的，无法自行运动：运动的第一因（*primae causae*）是恒星，它们被赋予了生命和智慧，通过一种被称为第五元素（*quinta essentia*）的精微的无形介质来影响月下世界。或者说，经由“上行下效”（as above, so below）这种占统治地位的观念，可以认为月下世界和月上世界通过一种内在于万物本身的前定和谐而彼此联应。在君士坦丁大帝之前，占星学在异教、犹太教和基督教的社会环境中仍然广为传播；但作为一种占卜技艺，占星学暗示天体是神圣的，还蕴含着一种被认为威胁了自由意志观念的普遍决定论，因此在中世纪之前一直被当作异教迷信而普遭摒弃和压制。从大约

① David Pingree, ‘Hellenophilia versus the History of Science’, *Isis* 83: 4 (1992), 560；另见 Lynn Thorndike, ‘The True Place of Astrology in the History of Science’, *Isis* 46:3 (1955), 276。

11世纪开始，保存在伊斯兰文化中的古代自然科学被重新发现，从而使自然魔法的新框架所不可或缺的占星学在基督教背景下广泛复兴。在这方面尤为重要的是“星辰魔法”(astral magic)观念：相信可以通过形象或仪式将星辰的力量“引导”下来——为了医疗或心理治疗，但也可能为了有害的目的。占星学在文艺复兴时期非常盛行，即使在科学革命时期也始终是自然科学的一个重要维度。但它也是文艺复兴时期“隐秘哲学”(occult philosophy，见下文)及其诸多宗教内涵的一部分。随着这种隐秘哲学在17、18世纪在与新教和启蒙对手的斗争中落败，占星学在19世纪和20世纪上半叶进入了第二个衰落期。“二战”后，主要是在卡尔·古斯塔夫·荣格(Carl Gustav Jung)及其“共时性”(synchronicity)理论的影响下，占星学以带有浓厚心理学化色彩的新形式重新出现。 24

最后是西方的炼金术，它在希腊化晚期作为一种关注物质嬗变的实验室活动而出现。根据亚里士多德自然哲学的四元素理论，原则上应当可以把某种物质变成任何其他物质(包括黄金)，炼金术士们试图通过实验方式来发现嬗变的秘密。早在帕诺波利斯的佐西莫斯(Zosimos of Panopolis)的著作中，对实验室程序的专业描述就与对幻象或梦的生动叙述结合起来，这些幻象或梦与根植于炼金术象征含义的死亡与重生的引导过程有关，暗示人可以通过嬗变为精神存在来逃脱粗重的物质性。与希腊化科学的其他形式一样，炼金术在中世纪早期基本上被遗忘，但在中世纪又从伊斯兰文献中被重新发现。中世纪和现代早期的炼金术根植于与科学或自然哲学领域有关的实验室程序，但其嬗变语言碰巧与关于“精神”嬗变和重生的宗教叙事自然相配，暗示人可以超越其物质和有罪状况，达到更高的拯救和恩典状态。例如，从这样的角度来看，可以把耶稣基督隐喻地称为“哲人石”(philosophers' stone)，他的行动使人从粗重的物质嬗变成精神上的“黄金”。这些宗教上的阐释和改编在文艺复兴之后逐渐流行起来，在16世纪末和17世纪蓬勃发展，无论是与实验室操作密切相关还是完全独立于它。就科学史而言，在这一时期几乎不可能把炼金术与我们现在所谓的化学分离开来，因此(除了用“chrysopoeia”[制金]来表示制备黄金的炼金术尝试)，当代学者提出把“chymistry”一词当成一个通用标签。① 和占星学一样，炼金术在18世纪也被从官方科学驱逐出去，在19世纪和20世纪的大部分时间里渐渐非常误导地被单纯视为伪科学或迷信。“二战”后，荣格主义和传统主义(Traditionalist)的作者们(见下文)曾试图通过淡化炼金术的“科学”性、支持其“精神”方面来恢复炼金术的原有地位，但这些阐释本质上是神秘的，而不是学术的。从西方神秘学研究的角度来看，最好是把炼金术理解成一种复杂的历史文化现象，不能包含在任何一门学科当中，但其典型特征是可以作为科学在实验室环境下进行研究的基本嬗变程序，并且充当宗教、哲学乃至心理学论说中的叙事。

文艺复兴时期

在文艺复兴时期，连同新发现的犹太教卡巴拉，许多有创造性

① William R. Newman and Lawrence M. Principe, 'Alchemy *vs.* Chemistry: The Etymological Origins of a Historiographical Mistake', *Early Science and Medicine* 3 (1998), 32—65.

和影响力的思想家开始对古代“异教”的学问和宗教思辨与基督教思想进行综合。在此过程中，他们造就了西方神秘学的所谓“基本参考资料”。这种思想创新本质上是涉及三种“圣经宗教”的军事征服和地缘政治变化（特别是基督教与伊斯兰教之间动态权力平衡）的一个副产品。我们已经看到，以 1085 年托莱多的陷落为关键事件，基督教对西班牙半岛的征服使大量阿拉伯语文献有机会被译成拉丁文，从而彻底改变了拉丁西方的科学。又过了五个世纪，奥斯曼帝国的军队从东部推进，最终于 1453 年攻克了君士坦丁堡。伊斯兰的政治扩张导致大量古希腊手稿被从拜占庭带到了意大利。在西班牙半岛，天主教的卡斯蒂利亚女王伊莎贝拉一世（Isabella I of Castile）和阿拉贡国王费迪南德二世（Ferdinand II of Aragon）施行一种恶毒的反犹太政策，最终导致犹太人于 1492 年被逐出西班牙。这种镇压导致西班牙的许多卡巴拉主义者于 15 世纪末来到意大利。一言以蔽之，文艺复兴时期的神秘学缘于基督教学者希望学习所有这些新获得的异教和犹太教学问，并将其内容纳入一种本质上仍然是罗马天主教的神学哲学框架。

26

文艺复兴时期神秘学的历史由一个核心群体所主导，他们是一些颇具影响力的学者，周围则聚集了一批接受他们的思想并将其进一步发展的较为次要的思想家。在这些核心人物当中，最早的一个是后来自称普莱东（Plethon）的拜占庭哲学家乔治·盖弥斯托斯（Georgios Gemistos，1355/60—1452?）。1437 年，他于费拉拉-佛罗伦萨会议之际来到佛罗伦萨，东西方教会正在那里（不成功地）试图消除彼此之间的分歧，团结起来对抗伊斯兰的威胁。年届八十的普莱东正是我们所谓“柏拉图学说东源论”的生动体现，他关于柏拉图和亚里士多德的一手知识给佛罗伦萨的人文主义者们留下了深刻印象。他强调通神术经典《迦勒底神谕》是柏拉图主义者所继承的古人更高级宗教的最佳例证，（当然是错误地）声称《迦勒底神谕》出自上古时代波斯的麻葛（Magi）首领琐罗亚斯德（Zoroaster），由此拉开了西方迷恋琐罗亚斯德的漫长历史的帷幕，琐罗亚斯德渐渐被想象为古代智慧的一个最高权威。①

第二位重要人物是马尔西利奥·菲奇诺（Marsilio Ficino，1433—1499）。1460年左右，佛罗伦萨的统治者科西莫·德·美第奇（Cosimo de'Medici）发现了他的才能。科西莫曾在费拉拉-佛罗伦萨会议期间遇到普莱东，普莱东对柏拉图的鼓吹给他留下了深刻印象。在此期间，一份柏拉图完整对话的抄本已从拜占庭转到意大利，他遂命菲奇诺将其译成拉丁文。这项任务于1468年完成，菲奇诺进而在一部名为《论爱》（*De amore*）的《会饮篇》（*Symposium*）评注中对柏拉图哲学的精髓作了总结，显示其与基督教真理非常相容。菲奇诺的此类重要著作为柏拉图主义——或者更准确地说是"柏拉图学说东源论"——在文艺复兴时期的全面复兴奠定了基础。后来他还翻译了柏拉图主义者们的一系列著作，并且出版了深刻的研究，将柏拉图主义描述成基督教复兴和革新的关键。在其翻译柏拉图著作的早期阶段，他还根据包含着前14篇文章的一份不完整手稿翻译了《赫尔墨斯秘文集》。这部作品

27

① Michael Stausberg, *Faszination Zarathushtra: Zoroaster und die Europäische Religionsgeschichte der Frühen Neuzeit*, 2 vols, Walter de Gruyter: Berlin/New York 1998.

于1471年出版,其同时代人由此能够直接看到被视为最古老的埃及智慧导师三重伟大的赫尔墨斯的作品。菲奇诺相信,波斯的琐罗亚斯德及其《迦勒底神谕》甚至要更为古老,因此更具权威性;但在其后来的作品尤其是颇具影响的《论从天界获得生命》(*De Vita coelitus comparanda*)中,他强调赫尔墨斯是一位讲授星辰魔法的导师,星辰魔法可以被用来为医疗和心理治疗等有益目的服务。

洛多维科·拉扎莱利(Lodovico Lazzarelli,1447—1500)比菲奇诺年轻一些,身材不高但很有魅力,他根据另一份抄本翻译了《赫尔墨斯秘文集》的其余几篇文章,还撰写了基督教赫尔墨斯主义的一部短篇杰作,这部作品将对更为著名的科尔奈利乌斯·阿格里帕(Cornelius Agrippa)产生重大影响(见下文)。[①] 但这两部作品在拉扎莱利生前都没有问世,直到16世纪初才得以出版。由于菲奇诺的开创性工作,无数作者开始讨论来自东方的古代智慧与柏拉图主义哲学和基督教神学之间深层的内在统一性。突出的例子有:梵蒂冈图书馆馆长阿戈斯蒂诺·斯托伊克(Agostino Steuco,1497/98—1548)于1540年发表了关于"长青哲学"(perennial philosophy)的重要论著;弗朗切斯科·帕特里齐(Francesco Patrizi,1529—1597)的《万物的新哲学》(*Nova de Universis Philosophia*,1591)于1594年遭到梵蒂冈谴责,这部著作对柏拉图学说东源论的基础作了宏伟综合。

① Wouter J. Hanegraaff and Ruud M. Bouthoorn, *Lodovico Lazzarelli (1447—1500): The Hermetic Writings and Related Documents*, Arizona Center for Medieval and Renaissance Studies: Tempe 2005.

除普莱东和菲奇诺之外的第三位重要人物是乔万尼·皮科·德拉·米兰多拉(Giovanni Pico della Mirandola,1463—1494)。1486年,这位思想天才邀请全欧洲的学者就他所提出的至少900个论题同他进行由教皇主持的公开辩论,引起轰动。这些论题表明皮科非常熟悉哲学、神学和科学中所有重要的学术思辨传统,包括"古代智慧"和犹太教卡巴拉。但这项计划后来不了了之。让皮科感到恐慌和失望的是,教皇英诺森八世(Innocent VIII)提出要对13个论题进行审查,并最终谴责了所有这些论题,特别强调那些"恢复异教哲学家的错误"和"包含犹太人谎言"的论题。皮科始终致力于表明,不同的哲学和神学学派(包括柏拉图主义和亚里士多德主义体系)之间的所有冲突,都可以在普遍智慧与真理的伟大和谐中得到化解。他最终耸人听闻地声称,基督教的所有基本真理不仅已经包含在各种异教传统中,而且最令人惊讶和富有争议的是,也包含在神曾在西奈山向摩西透露的卡巴拉秘密传统中。结果,真正的基督教传统将会享有最高统治权:不仅异教圣贤要在福音真理面前象征性地低头,而且犹太人也必须实实在在地皈依,因为他们逐渐明白,耶稣一直是其自身古老传统的真正秘密。皮科的大辩论从未举行,甚至他那篇后来被称为《论人的尊严》的著名开场演讲在其生前也从未发表。《论人的尊严》明确谈到了赫尔墨斯主义文献,强调只有人才能自由地选择自己的命运,这部作品曾被誉为对文艺复兴心态的最佳表述。

28

皮科处于文艺复兴时期神秘学中至少两种迥异但又密切相关的新发展的开端:其一是"数字象征学"(number symbolism)这种复杂的思辨传统(不要与数字命理学[numerology]相混淆),它在很大程度上得益于毕达哥拉斯主义，为前十个数指定了定性的含义或德性，并认为这十个数构成了实在的各个维度；其二是“基督教卡巴拉”(Christian kabbalah)。在努力理解创世和圣经的隐秘维度时，犹太教卡巴拉主义者已经发展出一系列具体而独特的概念和方法，比如关于十种“源质”(*sefirot*)或神的流溢的系统，以及像数值对应法(*gematria*)这样基于为希伯来字母赋值的解经技巧。在将这些要素纳入自己的宗教框架之后，基督教学者现在不仅开始发现其周围自然界中的秘密和隐秘结构，而且出乎意料地开始发现他们自己圣经(《旧约》和《新约》)中的秘密和隐秘结构。皮科之后基督教卡巴拉的主要开拓者是当时最著名的基督徒希伯来学者——德国的约翰内斯·罗伊希林(Johannes Reuchlin, 1455—1522)，他的《论卡巴拉的技艺》(*De arte cabalistica*, 1517)曾被誉为“基督教卡巴拉主义者的圣经”。后来许多学者都曾致力于基督教卡巴拉的思辨，其中最引人注目的也许是法国语言学大师和弥赛亚式的预言家——纪尧姆·波斯特尔(Guillaume Postel, 1510—1581)，据说他发现弥赛亚化身为一个女人。

29

德国人科尔奈利乌斯·阿格里帕(1486—1535/36)的《论隐秘哲学》(*De occulta philosophia libri tres*, 1533)是将古代的哲学和科学传统纳入一个全面的基督教卡巴拉框架的最具影响力的尝试。长期以来，这部作品仅仅被视为关于当时所有已知古代学问传统的纲要或总结，而且自那以后一直成为相关信息的来源，但它实际上远远不止于此。阿格里帕的这三卷著作根据当时流行的亚里士多德体系和托勒密体系来讨论三个“世界”或实在区域，它将宇宙描述成一个巨大的球体：我们的世界位于宇宙中心，月亮和其他行星绕之旋转，恒星（当然也包括占星星座）固定在宇宙球体的内表面上。阿格里帕著作的第一卷讨论了与我们的月下世界有关的由四元素构成的一切事物；第二卷讨论了介于月亮与恒星之间的与行星天球的“中间区域”有关的更为抽象的实在；第三卷则讨论了宇宙球体之外的天使和神灵。这最后一卷完全由基督教卡巴拉所主导。尽管后人渐渐把阿格里帕设想成一个与魔鬼相勾结的黑魔法师（歌德笔下浮士德的一个原型），但他实际上是非常虔诚的基督徒。他受到拉扎莱利赫尔墨斯主义的强烈影响，意在揭示从物质世界通向与神的理智合一的道路。[①] 阿格里帕年轻时受到修道院院长约翰内斯·特里特米乌斯（Johannes Trithemius，1462—1516）的强烈影响，后者是密码学、魔鬼学和天使魔法在文艺复兴时期的一位先驱；虽然阿格里帕本人的作品是一部理论论著而非实用手册，但它激励了隐秘学家的修习。一个明显的例子是伊丽莎白时代的魔法师约翰·迪伊（John Dee，1527—1609）。他将对自然科学的强烈关注与通过灵媒的恍惚出神来招魂结合起来，并用天使来解释宗教、哲学和科学议题。他从与天使的沟通中学到的“以诺克”（Enochian）语言令古往今来的隐秘学家为之着迷。

阿格里帕的伟大综合仍然基于传统的地心宇宙；但是到了16世纪末，哥白尼的工作使这个封闭世界逐渐让位于一个拥有无数个太阳系的新的无限宇宙。由于所有古代科学都建立在前哥白尼模型的基础上，所以这场革命势必会严重影响文艺复兴时期对古

---

① Wouter J. Hanegraaff, ‘Better than Magic: Cornelius Agrippa and Lazzarellian Hermetism’, *Magic, Ritual & Witchcraft* 4:1 (2009), 1—25.

代传统的关切。在这方面，乔尔达诺·布鲁诺(Giordano Bruno，1548—1600)的作品堪称典范，他也许是本节讨论的文艺复兴时期人物当中最卓越的思想家。布鲁诺意识到，如果宇宙是无限的，那么这必定会对神及其与人和宇宙的关系产生巨大影响。简单说来：倘若有人问阿格里帕到哪里可以找到神，他可以指向天空，因为只要向上移动到恒星以外，就必定会到达天使和神的形而上学世界。然而在布鲁诺的后哥白尼宇宙中，一个人可以一直在空间中穿行，而不会碰到神或天使：他所能找到的是一个又一个永无终止的太阳系。布鲁诺内容丰富的作品反映他一直在系统尝试重新思考所有古代哲学和科学传统(以及其他传统，比如所谓的"记忆术"[art of memory]，特别是加泰罗尼亚思想家雷蒙·卢尔[Ramon Llull，1232/33—1316]的系统)，在基督教正统的神圣真理面前他并没有止步。1592年，布鲁诺被威尼斯的宗教所裁判逮捕，然后转移到罗马，他坐牢8年，后因持异端观点而在1600年被烧死在罗马鲜花广场。

"自然哲学"与基督教神智学

上一节讨论的文艺复兴时期非常博学的思想家们(他们大多是天主教徒)都致力于对异教和犹太教传统与基督教神学和当时的哲学或科学进行学术性的综合。从本质上讲，我们正在讨论一个关于古代权威思想家著作的学术评注传统。像布鲁诺或约翰·迪伊这样独立的人物已经不太典型，可以被视为我们现在即将讨论的类别的边界案例。前一运动以意大利为其思想和地理上的中

31

心，这场运动则在很大程度上由德国思想家所主导。重点从对古代权威的学术评注转向了作者根据个人直接体验所作的原创性思辨。虽然源自古代晚期和中世纪卡巴拉的思辨传统在这一新的流派中仍然很重要，但它只明确提到两个基本的权威来源：自然和《圣经》这“两本书”。可以预计，鉴于这种对《圣经》和德国文化核心性的强调，这一谱系的重点将从罗马天主教作者转向新教（主要是路德宗）作者。

德文词“Naturphilosophie”（“自然哲学”）通常要比在字面上与其等价的英文词更可取，因为英文词“philosophy of nature”也可以指与这里讨论的特定传统无甚关系的其他进路。其起奠基作用的作者无疑是自称帕拉塞尔苏斯（Paracelsus）的德国医生特奥弗拉斯特·博姆巴斯特·冯·霍恩海姆（Theophrastus Bombastus von Hohenheim，1493/94—1541）。从炼金术文献中汲取的灵感以及对传统“民间”疗法的熟稔促使他对当时的医学事业及其对公元2世纪盖伦（Galen）理论的盲目依赖发起了攻击。他认为医生应当通过个人实验直接向自然本身学习。帕拉塞尔苏斯引入了一套全新的医学术语，用“汞、硫、盐”这一新的三元组补充了四元素。帕拉塞尔苏斯后来的作品越来越关注宗教问题。他用德语写作而不是用知识精英使用的拉丁语，因而被称为“医学的路德”，他的确凭借一己之力发起了一场变革。帕拉塞尔苏斯主义传统也被称为“化学论哲学”（Chemical Philosophy），在16、17世纪拥有无数追随者，它从德国传播到法国和英国，成为医学和炼金术/“化学”（chymistry，见上文）革新的重要力量。没有它，西方神秘学在现代早期的发展是不可想象的。

32 除了科学和医学，帕拉塞尔苏斯主义思想在更严格的宗教语境下也变得至关重要。从大约1600年开始，它在与教会的冲突中发展成一种另类的宗教潮流，有时被称为"神圣的特奥弗拉斯特学说"（*Theophrastia Sancta*），但最终被称为"魏格尔主义"（Weigelianism，与持异议者瓦伦丁·魏格尔［Valentin Weigel，1533—1588］有关）。[①] 帕拉塞尔苏斯本人被奉为受到神启的先知，恢复了使徒们曾经践行的一种永恒传统。17世纪初，德国鞋匠雅各布·波墨（1575—1624）正是从一种非常类似的角度出发，撰写了一部深刻的原创作品——《基督教神智学》（*Christian theosophy*），它已成为西方神秘学史上一个重要潮流的基础。波墨诚挚地试图理解一个善的神如何可能创造出一个充满罪恶和苦难的世界。他构想出一种激动人心的宇宙起源论，其中充斥着炼金术和帕拉塞尔苏斯主义学说，描述了神本身如何从神秘莫测的"无底"（Ungrund）中诞生。神的身体被称为"永恒自然"，被想象成一个发光的实体，它有一个黑暗的怒核（wrathful core，与圣父相联系），因光和爱的互补力量（与圣子相联系）而得到救赎和变得无害。最伟大的天使路西法（Lucifer）生来就是光在永恒自然身体中的一个完美造物；但在试图通过实现自己的"重生"而升得更高时，他变成了一个黑暗造物，摧毁了光明世界的完整与和谐。由于路西法的堕落，我们的世界诞生了：它不再是永恒的自然，而是一个受制于时间和变化的堕

① Carlos Gilly, '"*Theophrastia Sancta*": Paracelsianism as a Religion, in Conflict with the Established Churches', in Ole Peter Grell (ed.), *Paracelsus: The Man and his Reputation, his Ideas and their Transformation*, Brill: Leiden/Boston/Cologne 1998, 151—185.

落自然，在其中，神的忿怒作为单独的力量被释放出来，与光明的力量进行殊死搏斗。我们作为罪人出生在这个黑暗而充满威胁的世界里，所受到的灵性召唤乃是为了实现一种内在转变，它能逆转堕落过程，反映出神本身的原始诞生。这样一来，我们便可以作为"神之子"在一个精微的光明身体中重生，并为堕落自然的重新整合做出贡献：堕落的自然乃是渴望回归其原初和谐与幸福状态的神自己的身体。

波墨的作品以一种充满了诗意想象的奇特德语写成，在其生前即已广泛传播，这使他与路德宗势力产生了很多冲突。到了17世纪，许多作者都从波墨的作品中汲取灵感，并且沿着新的方向来发展它。其中一些人形成了小的灵修群体，这是带有自己虔诚修行的、可以被称为神秘组织(esoteric organization)的最早的明确实例之一。比如德国神智学家约翰·格奥尔格·基希特尔(Johann Georg Gichtel，1638—1710)在阿姆斯特丹建立了一个被称为"天使兄弟会"(Angelic Brethren)的团体，英格兰则有在约翰·波德基(John Pordage，1607/08—1681)和简·利德(Jane Leade，1623—1704，也许是西方神秘学中女性扮演核心角色的最早例子)周围形成的"非拉铁非教会"(Philadelphian Society)。狂喜和幻想体验在这些群体中发挥着重要作用；根据波墨著作中的讨论，其成员发展出一种对索菲娅(智慧)作为神的明显女性化现的强烈迷恋。18世纪有一段过渡期以弗里德里希·克里斯托弗·厄廷格(Friedrich Christoph Oetinger，1702—1782)为最重要的人物，此后基督教神智学进入了"第二个黄金时代"，也就是从18世纪的最后几十年到浪漫主义时期。部分受到德国唯心论哲学和催眠术时尚等当时发展的影响（见下文），新的一批基督教神智学家重新发现了波墨，并以新的方式来阐释他。在这批人当中，法国人路易-克劳德·德·圣马丁（Louis-Claude de Saint-Martin，1743—1803，"未知哲学家"）和德国人弗朗茨·冯·巴德尔（Franz von Baader，1765—1841）也许是最重要的思想家。

有入门仪式的会社

相信古代智慧或自然秘密曾被古往今来的圣贤所传承和保存，这属于西方神秘学的核心信条。但引人注目的是，17 世纪之前似乎没有人想到这样一种传承可能需要某种正式组织。这种想法出现在 1614 年出版的三篇《玫瑰十字会宣言》（*Rosicrucian Manifestoes*）的第一篇中。这篇文本被称为《兄弟会的传说》（*Fama Fraternitatis*），描述了由一个被称为"C. R."（后来被确认为克里斯蒂安·罗森克罗伊茨[Christian Rosenkreutz]）的同样难以捉摸的行家里手创立的神秘兄弟会。《兄弟会的传说》告诉我们，在游历中东并且深入研究"隐秘"科学之后，他回到德国创建了一个秘密组织，以确保他的最高智慧不会失传。其成员曾决定要散布到"所有国家"，同时又保守其兄弟会的秘密，但每个人都承诺要找到一个合适的继任者，以把他们的智慧传到下一代，诸如此类。过了 100 年，据说一名兄弟会成员在克里斯蒂安·罗森克罗伊茨的住所发现了一个秘密地下室，包含着他被保存完好的身体和各种秘密信息。玫瑰十字兄弟会现在通过《兄弟会传说》向公众宣布了自身的存在，然后是 1615 年的一篇《兄弟会的自白》（*Confessio*

34

Fraternitatis)，预言有一场新的改革会根据古老的赫尔墨斯主义和相关科学来改造欧洲文化。1616 年出版的第三篇宣言《克里斯蒂安·罗森克罗伊茨的化学婚礼》(*Chemical Wedding of Christian Rosenkreutz*)在性质上有很大不同，它基于炼金术的象征含义对克里斯蒂安的转变作了复杂的寓意描述。其主人公是克里斯蒂安·罗森克罗伊茨，但兄弟会在这篇宣言中不扮演任何角色。

没有证据表明在这个时候或之前存在什么玫瑰十字兄弟会，更不用说表明克里斯蒂安·罗森克罗伊茨是个历史人物了。现如今，这些宣言一般被视为文学上的虚构，出自路德宗神学家约翰·瓦伦丁·安德列亚(Johann Valentin Andreae，1586—1654)及其在图宾根的朋友圈。但它们给许多读者留下了深刻印象，引起了极大的公众反应，既有批评者谴责兄弟会是个恶作剧，也有捍卫者和真正的信徒希望联系兄弟会成员。这场骚动的一个结果是，古代智慧和"隐秘"科学领域的重要作者，如罗伯特·弗拉德(Robert Fludd，1574—1637)或米沙埃尔·迈尔(Michael Maier，1569—1622)，开始自视为"玫瑰十字会会员"(Rosicrucians)，而且自那以后，宣称拥有特殊秘传知识的作者们一直在这样做。到了 17 世纪或 18 世纪上半叶，关注炼金术或其他"隐秘"活动的一些边缘群体或许已经开始自称"玫瑰十字会会员"，但这方面的证据还很模糊。玫瑰十字会组织的第一个无可辩驳的案例是盛行于 18 世纪下半叶德国的金玫瑰十字会(the Order of the Gold-und Rosenkreuzer)。在那之后，教会和国家的愈加分离使得除现有教会之外的宗教组织或有入门仪式的组织有可能被创建，许多自认为是玫瑰十字会的有入门仪式的组织应运而生，它们通常都声称保存了古代智慧的真正秘密。

35 在大多数情况下，这些有入门仪式的修会的组织架构都受到了共济会（Freemasonry）模式的启发。在苏格兰，到了16世纪末，中世纪的石匠行会变成了一种新的组织，在17世纪开始接受“绅士石匠”（Gentlemen Masons），即不是石匠的个人。一直到18世纪初，共济会会员被普遍视为玫瑰十字会会员和炼金术士；共济会引起了人们的极大好奇，因为人们怀疑它可能保存了包括哲人石在内的古代秘密。1717年英格兰第一总会（Premier Grand Lodge of England）建立之后，共济会在英格兰发展为一种本质上理性主义和人道主义的运动，远离了这些神秘追求。但在其他国家，尤其在法国，对炼金术和其他“赫尔墨斯主义”思想和修习的关注前所未有地兴盛起来。进入“学徒”（Apprentice）、“技工”（Fellowcraft）和“导师”（Master Mason）这三个基本的共济会等级之后，共济会会员们可以通过详尽而复杂的更高级的系统来继续深入共济会的秘密。由于许多更高级别的不同系统是在18世纪发展起来的，所以加入共济会成了任何迷恋古代隐藏奥秘的人的必由之路。到了理性时代，在高级共济会制度下繁荣起来的基督教神智学——尤其是鉴于让-巴蒂斯特·维莱莫（Jean-Baptiste Willermoz）的“归正苏格兰礼”（Rectified Scottish Rite）及其在马蒂内·德·帕斯夸利（Martinez de Pasqually）的“天选祭司团”（Elus Coëns）中的背景——被称为“光照论”（Illuminism）。由于盛行的阶层制度在共济会会员内部被中止——一个上流贵族成员可能会从一个属于工人阶层的导师那里获得入会资格——共济会作为一个可以试验社会平等主义观念的环境也极具吸引力；最后，共济会是一个有效的国际网络，确保那些背井离乡的旅人总能找到受到其同胞兄弟欢迎的地方。所有这些都使共济会变得像一个公共社会内部的社会，因其培养的秘密性而免遭外界监视，所以它必定会引起政治统治者的猜疑；在少数情况下，尤其是作为激进革命政治之工具的亚当·魏斯豪普特（Adam Weishaupt）的光照会（Order of Illuminates），这些担忧的确是有道理的。特别在法国大革命之后，一些阴谋论者最喜欢将共济会当作目标，他们将传统宗教政治权威的崩溃归咎于共济会和光照会的颠覆阴谋。

36

共济会从一开始就注重创建其历史谱系。有的时候，共济会制度被追溯到大洪水过后的诺亚和他的儿子，但共济会会员们特别着迷于猜测性的历史谱系，将古代的艾塞尼派（Essenes）和特拉普提派（Therapeutae）与中世纪的圣殿骑士联系起来。共济会的仪式基于建筑的象征含义，以在耶路撒冷扮演核心角色的所罗门圣殿作为完美建筑的形象，所以共济会会员们自然会对曾经防御它的圣殿骑士团特别感兴趣。他们认为在十字军东征时，圣殿骑士们在圣地与艾塞尼派/特拉普提派的幸存分支建立了联系，后者保存了来自东方的古老秘密，包括最高的毕达哥拉斯学派的几何技艺。1307 年圣殿骑士团覆灭后，幸存的圣殿骑士们被认为将其秘密带到了常被视为共济会故乡的苏格兰。这便是颇具影响力的圣殿骑士传说的起源，它不仅引出了共济会内部特殊的圣殿骑士级别，而且也催生了持续至今的非共济会的新圣殿骑士组织——更不必说从翁贝托·艾柯（Umberto Eco）到丹·布朗（Dan Brown）的通俗文学中迅速兴起的圣殿骑士神话。

现代主义隐秘知识

随着18世纪的"媒体革命"以及教会和国家审查或禁止异议的能力不断减小,越来越多的人能够读到以上讨论的所有传统文献。除了一系列持怀疑态度的文献将"隐秘知识"(the occult)斥为荒谬的迷信,出版家们迎合公众对古代秘密和奥秘的好奇心。"现代主义隐秘知识"的标志是以复杂多样的尝试来应对现代科学和启蒙理性,既深深地感到对"世界除魔"的抵抗,又被现代科学模型同样强烈地吸引。进入19世纪,没有人可以否认,社会正沿着新的方向加速前进,于是这个问题变得与下面这个问题有关,即"进步"是意味着彻底打破"传统",还是意味着使古代真理能以新的方式得到领会的一场转变。 37

于是,19世纪西方神秘学中两股最有影响的革新力量都起源于启蒙科学家的工作,这绝非巧合。瑞典博物学家伊曼努尔·斯威登堡(1688—1772)研究哲学、数学、物理学和应用力学,在物理科学和生物科学方面著有令人叹为观止的作品。他接受的是当时主张物质与精神严格分离的笛卡尔主义哲学的训练,1744年,他经历了一场深刻的宗教危机,不得不承认科学探索将其带入了纯粹唯物论的"深渊"。他向神求助,终于在异象中得见耶稣。经历这一关键事件之后,他在余生撰写了许多充满幻想的拉丁文著作,讨论《圣经》的真正含义以及天堂与地狱的灵界现实。他深受虔敬派关于"内部"与"外部"实在层次之区分的概念的影响,其联应理论声称,看得见的世界反映了看不见的世界,两者之间不必有任何因果关系;他的作品中充满了对其幻想的天堂地狱之旅的事实描述以及他与灵魂和天使的对话。斯威登堡去世后,他的追随者们创建了一个斯威登堡“新教会”,但其著作的影响绝非仅限于该团体:它们启发了一大批重要的作家、诗人、画家甚至作曲家。我们将会看到,他的基本观念被19、20世纪的唯灵论者、隐秘学家和形而上学家所继承,并以新的方向得到发展。

另一项重要创新来自德国医生弗朗茨·安东·梅斯梅尔(Franz Anton Mesmer,1734—1815),他发明了一种被称为“动物磁性”(Animal Magnetism)的理论和疗法,后来也被称为“催眠术”。梅斯梅尔声称,有一种看不见的“流体”遍布一切生物体,所有疾病都是由这种普遍的生命力之流受到干扰或阻塞所致。通过在病人的身体中制造“通道”,可以恢复正常的能量循环,从而过渡到健康和正常,其典型标志是一种短暂而剧烈的“危机”,其间病人会做出不由自主的动作,发出无法控制的声音。皮塞居侯爵(Marquis de Puységur)是梅斯梅尔的诸多追随者之一,他发现催眠治疗可以诱发一种奇特的昏睡状态,在这种状态中,许多患者会显示出惊人的“超常”能力并进入幻觉状态,声称可以与其他实在层面的灵性存在相沟通。这一现象被称为“人工梦游”,对西方神秘学在19世纪的历史产生了不可估量的影响。

至少有三大新发展起源于催眠术。首先,梦游的催眠状态变得对于流行的“唯灵论”(Spiritualism)至关重要。经过1848年媒体天花乱坠的宣传报道,围绕着声称与鬼有过接触的海德斯维尔(Hydesville)的福克斯姐妹(Fox sisters),降神会(spiritualist séances)成为欧美风靡一时的消遣娱乐。现在,梦游催眠诱导技术使任何人都有可能满足对于“看不见的世界”和死后生存状态的好奇心,无需以教会作为中介。唯灵论中有许多内容都是没有什么理论深度的实际的事情,但像安德鲁·杰克逊·戴维斯(Andrew Jackson Davis,1826—1910)这样深受斯威登堡著作影响的人,或者在巴西形成了一个重要宗教传统的法国唯灵论者阿兰·卡德(Allan Kardec,伊波利特·里瓦伊[Hippolyte Rivail]的笔名,1804—1869),在唯灵论基础上发展出成熟的神学和宇宙论。对唯灵论现象及其惊人说法的科学好奇心最终使“通灵研究”(psychical research)或现在所谓的超心理学(parapsychology)发展起来。

其次,人工梦游处于心理学和精神病学等新学科的起源处,因为医生们很快就意识到,它为在经验和实验基础上研究人的灵魂及其神秘力量开辟了前所未有的可能性。我们现在所谓的“无意识”概念出现在19世纪上半叶德国浪漫派催眠术文献中,最初的名称是“自然的夜面”(nightside of nature);建立在梦游症基础上的心理学研究的发展可以从这里一直追溯到沙尔科(Charcot)、弗卢努瓦(Flournoy)等人的实验心理学,最后到卡尔·古斯塔夫·荣格及其学派。在所有这些发展中,心理学都与对“隐秘知识”的研究有着千丝万缕的联系:直到20世纪,随着精神分析和行为主义的兴起,学术心理学才远离了与西方神秘学紧密的历史纠缠。 39

第三,美国的人工梦游职业引出了一种被称为“新思想”(New Thought)的普遍的宗教革新环境,它建基于激进的“心胜于物”学说。这种发展源于一位名叫菲尼亚斯·昆比(Phineas P. Quimby,1802—1866)的催眠师的工作,他不再用梅斯梅尔的“流体”理论来解释梦游症治疗，而是彻底强调信念的普遍万能。最终，据说不仅所有疾病都可以通过改变人的信念来治愈，甚至像贫穷这样的不利状况也能治愈。“新思想”也被称为“心灵治疗”（Mind Cure），其基本学说在“基督教科学派”（Christian Science）等新宗教和一系列类似教会中已被制度化，并且深深地扎根于美国的大众文化。在当代“新时代”的背景下，这一发展不仅是无数“自助”丛书的基础，而且也是我们凭借自己的信念“创造自己的现实”这一流行说法的基础。

在19世纪下半叶，受到唯灵论者和梦游者影响的群体和个人重新发现了上述所有古代、中世纪和文艺复兴时期的传统，并将其重新概念化，他们试图找到介于传统基督教与实证主义科学之间的“第三条道路”。这一现象通常被称为“隐秘学”（occultism），它以各种不同的形式出现。在法国占统治地位的“右翼隐秘学”[①]受到罗马天主教的极大影响：无数修道院院长常常（假装或真的）系统了解它，试图应对大革命的遗产及其对“祭坛与宝座”的传统权威发起的猛烈攻击。在政治上，他们的想法既有极为保守的，也有非常进步的，但都对通过精神象征含义来表达的那种普遍“传统”的统一性的丧失表示深深的怀恋。在代表法国隐秘学传承的最重要的人物中有埃利法·莱维（Eliphas Lévi，阿方斯-路易·康斯坦[Alphonse-Louis Constant，1810—1875]的笔名），他关于魔法和卡巴拉的作品在隐秘学复兴中极具影响力，还有“隐秘学教皇”帕

① “右翼隐秘学”、“左翼隐秘学”这些术语出自 Joscelyn Godwin，*The Theosophical Enlightenment*，State University of New York Press：Albany 1994，204。

皮斯(Papus,热拉尔·昂科斯[Gérard Encausse, 1865—1916]的笔名),他在19世纪末蓬勃发展的各种隐秘学组织和网络中发挥着核心作用,在那一时期的艺术、文学和音乐中留下了重要印迹。 40

法国隐秘学家对"传统"的这种关切最极端地表现在勒内·盖农(René Guénon,1886—1951)的作品中。他年轻时深涉一系列隐秘学组织,但最终将所有这些斥为与现代性相妥协的误入歧途的产物。盖农声称存在着一种普遍"传统",它建立在无可争辩或反驳的形而上学"第一原理"的基础之上。他拒绝接受现代世界及其所有价值观,认为它们与"传统"完全对立,并且在埃及作为一名苏菲隐士度过了生命中的最后几十年。一种被称为"传统主义"(Traditionalism,有时被称为"长青主义"[Perennialism])的独立的神秘学传统正是源于盖农的许多著作。具有讽刺意味的是,就其拒斥现代性的所有方面而言,它乃是现代世界的典型产物。在尤利乌斯·埃沃拉(Julius Evola,1898—1974)等重要的传统主义作家那里,对现代民主和社会平等主义的蔑视导致了对法西斯主义和国家社会主义政治的公然同情;而在也许是"二战"后最有影响的传统主义者弗里特约夫·舒昂(Frithjof Schuon,1907—1998)等人那里,新的组织和团体受它激励创建起来,允许其参与者相对隐居地遵循"传统主义"的生活方式。而战后其他的传统主义者,比如著名的赛义德·侯赛因·纳斯尔(Seyyed Hossein Nasr,1933—)和休斯顿·史密斯(Huston Smith,1919—),则在学术背景下直言不讳地捍卫传统主义。

与19世纪的法国不同,英语世界的典型特征是一种"左翼隐秘学",它在很大程度上得益于建立在启蒙自由思想家作品基础上的反基督教的神话编纂传统，这些思想家认为，宗教并非源于神启，而是源于一种主张太阳崇拜和阳具崇拜的"自然宗教"。① 这种"隐秘传统"渐渐被视为一种古老的卓越智慧，它根植于异教传统，反对现有基督教的排他主义和教条主义。艾玛·哈丁·布里顿(Emma Hardinge Britten，1823—1899)和海伦娜·布拉瓦茨基(Helena P. Blavatsky，1831—1891)等昔日的灵媒已经对其眼中肤浅的唯灵论大失所望，并且在斯威登堡之前所有重要的"赫尔墨斯主义"传统、"隐秘"传统和相关传统中找到了灵感。在这些人看来，无论东方还是西方，古人普遍的"隐秘科学"都应当恢复，以对抗实证主义科学狭隘的唯物论。这方面的主要经典是布拉瓦茨基的《揭开面纱的伊西斯》(*Isis Unveiled*，1877)以及后来的《秘密教义》(*The Secret Doctrine*，1888)，其中把隐秘智慧的来源从埃及移到了远东。布拉瓦茨基将"隐秘科学"说成是核心、古老而普遍的卓越知识智慧传统，应当在现代世界复兴它以取代传统的基督教和实证主义科学。1875 年，她与别人共同创建了"神智学会"(Theosophical Society)，成为至少到 20 世纪 30 年代最有影响力的隐秘学组织。在安妮·贝赞特(Annie Besant，1847—1933)和查尔斯·韦伯斯特·利德比特(Charles Webster Leadbeater，1854—1934)的领导下，现代神智学越来越通过一种普世的秘传基督教而得到重新诠释，其顶点是对印度人吉杜·克里希那穆提(Jiddu Krishnamurti，1895—1986)长时间弥赛亚般的热情，他被誉为未来的"世界导师"，但最终在 1929 年拒绝了这一角色。1910

① Godwin, *Theosophical Enlightenment*.

年，在很大程度上是作为对狂热崇拜克里希那穆提的反应，大多数德国神智学家在鲁道夫·施泰纳（Rudolf Steiner，1861—1925）的领导下与神智学决裂。由此产生的“人智学会”（Anthroposophical Society）建基于对神智学的基督教诠释，而不是德国唯心论传统中的哲学背景，并以施泰纳关于透视灵性世界的说法作为支持。

到了19世纪中叶，魔法传统已经沦为仅仅是古物研究者好奇的对象，但在此后的几十年里，隐秘学家们开始发展魔法修习。结果是对“魔法”的一种全新理解，虽然声称源于古代，事实上却基于高度创新的概念和诠释。美国人帕斯卡尔·贝弗利·伦道夫（Paschal Beverly Randolph，1825—1875）是其中一位重要先驱，他第一次指出，性能量和精神药物可被用于魔法目的。在19世纪末的英格兰，一个被称为“金色黎明会”（Hermetic Order of the Golden Dawn）的有入门仪式的修会基于卡巴拉的“源质”系统，发展出一个充满象征含义和仪式操作的精致而复杂的体系，它已成为持续至今的许多魔法团体的重要灵感来源。20世纪最臭名昭著的隐秘学魔法师阿莱斯特·克劳利（1875—1947）脱离了金色黎明会，转而加入了特奥多尔·罗伊斯（Theodor Reuss）的东方圣殿会（Ordo Templi Orientis），后者最终在克劳利的领导下发展成一个极力强调性魔法的修会。他自封为《启示录》的“大兽”，称其新宗教泰勒玛（Thelema）注定会取代基督教，用每一种可以设想的逾矩形式作系统试验，所有这一切使得克劳利即使在隐秘学家当中也备受争议，但其作品一直影响巨大。在许多方面可以认为，在“二战”前蓬勃发展的此类组织试图通过培养想象力，以之作为从经验进入魔魅的平行世界的手段，来弥补这个除魔社会的平凡世

42

界。最终，在这些语境下更多地聚焦于魔法师个人的"内在发展"，而不是去影响外部世界的事件。这意味着"魔法"这个概念本身获得了新的含义，特别是在大众心理学的影响下。关于在神秘学语境下对"内在发展"的聚焦，我们必须提到谜一样的希腊-亚美尼亚导师乔治·伊万诺维奇·葛吉夫(George Ivanovitch Gurdjieff, 1866—1949)和他的俄国学生彼得·邬斯宾斯基(Piotr Dem'ianovich Ouspensky, 1878—1947)。葛吉夫发展出一种独立而原创的神秘学体系，包括一种新灵知主义宇宙论和一套复杂的训练系统，旨在将心灵从社会控制中解放出来，获得精神自由。葛吉夫的技巧被"二战"后各种神秘学导师和运动所采用，成为20世纪60年代之后关注"自我实现"的一个重要维度。

"二战"后的神秘学

上一节中提到的神秘学活动大都是所谓"异端宗教环境"(cultic milieu)[1]或更近的"隐秘文化"(occulture)的各个方面。[2]这些术语所指的东西似乎已成为现当代社会的一种恒常现象：存在着由群体和个人组成的不断变动和演化的、交织在一起的网络，他们都对主流教育机构和信息渠道所宣扬的实在观、认识方式和生活方式感到不满。这种对"替代品"的寻求不仅导致对非西方

① Colin Campbell, 'The Cult, the Cultic Milieu and Secularization', *A Sociological Yearbook of Religion in Britain* 5 (1972), 119—136.

② Christopher Partridge, *The Re-Enchantment of the West*, 2 vols, T&T Clark: London/New York 2004, 62—86.

(特别是东方)文化及其精神传统的普遍迷恋,而且也导致被主流文化归于"被拒知识"的几乎所有神秘学和隐秘学材料持续得到回收利用、重新包装和创造性阐释。

战后异端宗教环境在20世纪50年代发展起来,所谓"反主流文化"(counterculture)在20世纪六七十年代的兴起已经使之变得不可否认。随着神秘学的观念和修习在整个社会中变得越来越流行,它的信徒们渐渐认为自己是在参与一场灵性革命,这场革命正在改造主流文化,并将引领人类进入一个新的灵性时代——"水瓶时代"。认为有一场灵性革命即将到来,这种千禧年观念曾经出现在与爱丽斯·贝利(Alice Bailey,1880—1949)的作品相联系的某些英格兰神智学圈子里;但是到了20世纪80年代,"新时代"被主流媒体当作一个方便的标签,用来指深植于异端宗教环境中的"替代性"观念和修习的全面传播,无论其中是否包含一种千禧年成分。除了西方的神秘学/隐秘学潮流和东方灵性,大众对"新物理学"的迷恋也是这种混合物的一个重要组成部分。量子力学和相对论的激进悖论似乎证明,旧的科学意识形态正与现有宗教一道处于崩溃瓦解的过程中,从而让位于一种与东西方古代智慧相协调的新的灵性的整体论世界观。由于企业家们在同一时期发现了灵性产品市场,"新时代"成为一个重要的增长行业;其思想已经逐渐变得比在20世纪60年代更容易被主流社会接受,这是商业成功所带来的不可避免的结果。然而,原初的反主流文化批判,包括坚信社会改造即将到来,在更激进的异端宗教环境分支中仍然非常活跃。这尤其可见于20世纪90年代以来的"技术萨满教"(techno-shamanism),它起源于因卡洛斯·卡斯塔尼达(Carlos

Castaneda)而得到推广的迷幻萨满教,但没有20世纪60年代的反技术偏见。[①] "宗教致幻神秘学"(entheogenic esotericism)这种激进的反主流文化形式的创始人是特伦斯·麦克纳(Terence McKenna,1946—2000);丹尼尔·平齐贝克(Daniel Pinchbeck,1966—)等新一代的先知则使之发展成一种生气勃勃的神秘学环境,其中充满了对即将来临的社会改造的千禧年希望。

44

20世纪60年代反主流文化的一个相对独立的特殊结果是所谓的"新异教主义"(neopaganism)运动。它起源于20世纪50年代杰拉尔德·加德纳(Gerald Gardner,1884—1964)在英国创建的一种新宗教,但他称这种宗教是复兴了一种对异教自然崇拜的秘密膜拜。它将阿莱斯特·克劳利传统中的神秘学与对古代生育崇拜的迷恋结合起来,被称为"威卡教"(Wicca)或巫术的"旧宗教"。威卡教在20世纪60年代传播到美国,在反主流文化环境中表现为新的形态。斯塔霍克(Starhawk,米里亚姆·西莫斯[Miriam Simos]的笔名,1951—)等激进的女权主义活动家将威卡教解释为"女神宗教"(Goddess Religion),强调自然之中的女性原则是对一神论男性神祇的一种替代。从这时起,新异教主义开始沿着各种新的方向发展,试图复兴特定的区域性异教传统,比如德鲁伊教(Druidry)和类似的凯尔特奋兴运动形式,或者像阿萨特鲁(Asatru)这样从古代日耳曼和斯堪的那维亚众神中汲取灵感的新异教运动。今天,新异教主义作为一种重要的亚文化存在于许多国家,弘

① Erik Davis, *TechGnosis: Myth, Magic and Mysticism in the Age of Information*, Five Star: London 2004.

扬多样性，强调自然和生态的生活方式。

最后，当代神秘学在大众文化和互联网上非常活跃。现如今，它的基本概念、思想或术语已经不再与任何特定的宗教传统或思想传统联系在一起，而是可以被自由回收利用和被任何人重新诠释，而不必考虑其原始意义或语境。无论从历史学家的角度来看，这些修改可能多么古怪和错误，若被视为创造性融合的产物，它们可以有极大的吸引力。流行小说、漫画、音乐、电影、艺术或视频游戏中大量存在的神秘学主题还几乎没有被研究过，对于这笔财富可能就当代文化和社会的“亚时代精神”(subzeitgeist)[1]有什么教益，我们也没有任何想法。正是在这个领域，神秘学才不再是历史研究的对象，而是成为当前一个非常重要的维度。

---

① 该术语出自 Victoria Nelson, *The Secret Life of Puppets*, Harvard University Press: Cambridge, MA 2003；另见 Nelson, *Gothicka*, Harvard University Press: Cambridge, MA 2012。

45

第三章　辩护与辩论

思想并非作为抽象的理智之间不偏不倚的谈话话题而存在于社会真空中。恰恰相反，我们讨论的是思想史或宗教史上有血有肉的人，他们经常满怀热情地关心如何捍卫自己的信念，批评或抨击其他人的信念。对自己思想的辩护(apologetics)，与看法不同的人的辩论(polemics)，这两种基本活动是彼此蕴含的：通过谴责他人的学说有误，也就同时断言了自己说法的正统和正确，反过来，为自己的立场作辩护就意味着质疑他人的立场。[①] 此外，思想并非只存在于人们的头脑中或书本中，而是体现在教会、大学、政党等具有悠久历史的社会机构中，它们可以尽一切手段来巩固和维护自己的身份。无论是通过遵循传统和社会化，还是通过有意的选择或皈依，个人可以要么同意这些机构的立场，要么批评和拒绝它们，并效忠于其他与之竞争的结构。无论支持哪一方，确立和巩固自己身份的一个特别有效的策略是同时创建一个"他者"的形象：为了说清楚"我们"是什么，必须把"他们"(无论他们是谁)描述

---

① Olav Hammer and Kocku von Stuckrad, 'Introduction', in Olav Hammer and Kocku von Stuckrad (eds), *Polemical Encounters: Esoteric Discourse and Its Others*, Brill: Leiden/Boston 2007, vii—viii.

成与我们完全对立。

这些修辞中真正的要害是权力，也就是决定什么可以被视为有效和正确的主导现有话语的能力。一旦在某种程度上获得了这种话语权，就很容易把它变成实际的政治权力：能把自己的议事日程付诸行动，同时消除、压制或诋毁反对的声音。这些措施可以在很长时间里极为有效，特别是因为话语的主导者有权教育一代代新人服从他们自己的信念，但他们永远也不可能一劳永逸、完全放心。任何主导方都可能通过树立"他者"这一修辞武器把对手斥为可鄙的异端、危险的颠覆分子或可笑的傻瓜(从而暗地里证明他自己的身份是正统、可靠或合理的)。但这些辩论所针对的对象也会尝试用相同的武器来对抗自己的对手，例如把他们描绘成傲慢盲目的压迫者或愚蠢的官僚，说他们依赖权力乃是因为缺乏有说服力的论据(从而把自己的身份提升为自由、宽容和理性的倡导者)。如果他们为自己的叙事争取到了足够的支持，这也许会影响权力平衡，引发思想、社会甚至政治上或大或小的革命。

46

现在被我们称为"西方神秘学"的类别(但必须重复指出，它还有其他各种名称)正是这些论说过程的结果，其中涉及的辩论/辩护争论可以追溯到古代晚期。它在很大程度上代表"被拒知识"的总和，无论是主流的基督教文化，还是现代社会或世俗社会，都是相对于它而确立了自己的身份。即使在今天，它也仍然是其最重要的"他者"，无论我们对此是否有明确意识。正因为此，我们必须对关于它的思想、修习或历史的占主导地位的叙事非常谨慎：任何属于"西方神秘学"领域的事物，在日常话语中或者在辩论(和辩护)的想象中对它的描绘，都与研究历史资料所发现的东西之间存在着巨大差别。兹举一个明显的小例子:数个世纪以来,科尔奈利乌斯·阿格里帕一直被视为一个黑魔法师和将灵魂出卖给魔鬼的浮士德式的人物;但如果研究他的作品就会发现,他是一个极为虔诚的基督徒,对他来说,不问是非地信仰耶稣基督乃是任何可靠知识的唯一基础。

47 为了把握现实与想象之间的这些差异,我们不妨对历史(history)与记忆史(mnemohistory)作出区分。[①] 简单说来,历史指的是过去已经发生的事情,而记忆史则是指我们如何记忆它。相应地,历史编纂学或编史学(historiography)是尝试描述实际已经发生的事情,而记忆史编纂学(mnemohistoriography)则是尝试描述某种文化所“想象”发生的事情的起源和发展。如果借用我们刚才的例子:历史学家会想知道阿格里帕究竟是谁,以及他实际相信什么,而记忆史家感兴趣的则是阿格里帕如何被后人记住。他的注意力聚焦于追溯渐渐与阿格里帕的名字联系在一起的重新诠释、扭曲、误解和创造性发明——应当强调的是,这要为他长期以来的声誉和恶名负主要责任。因为在现实世界中,历史与记忆史无疑并不一致。记忆史叙事能够极大地影响实际历史事件,无论这些叙事是否有任何明确的事实做依据。甚至连无羁的历史幻想都可能比历史学家有据可查的认真重建有更大影响:尽管这一事实令人担忧,但最重要的似乎并非这些叙事是否为真,而是它们是否被相信。

① 试比较 Jan Assmann, *Moses the Egyptian: The Memory of Egypt in Western Monotheism*, Harvard University Press: Cambridge, MA/London 1997, 6—22。

本章其余部分将会聚焦于西方神秘学的记忆史：这一领域是如何在主流文化辩论和辩护的想象中被构建出来的？以及为什么如此？为了弄清楚这一点，我们将会聚焦于这一构建过程的三个核心背景：宗教改革之前的基督教、新教和现代性。

早期基督教与罗马教会

早期基督教不得不确立自己相对于犹太教和“他者”之宗教的身份，被冠以“异教徒”、“外邦人”、“非犹太族”等各种名号。使徒保罗从其犹太教育中继承了一种对背离看不见的神、指向“必朽坏的人和飞禽、走兽、昆虫的形象”(《罗马书》1.23)的任何崇拜的憎恶，“偶像崇拜”作为一种最高的罪在基督教中变得根深蒂固。然而，虽然异教的膜拜活动可以作为对恶魔的崇拜而被明确拒斥，但异教徒的哲学体系却是不同的东西。一些早期教父固然发现它们根据定义就与犹太教和基督教不相容，正如德尔图良(Tertullian)的名言“雅典与耶路撒冷有何相干？学园与教会有何相干？异教徒与基督徒有何相干？”[1]所显示的，但也有许多人愿意进行某种建设性的对话，特别是与正在希腊化时期罗马帝国的学者当中广为传播的柏拉图主义传统进行对话。此举影响深远，无论是对后来的基督教史，还是对我们现在所说的西方神秘学。

48

① Tertullian, *De praescriptione haereticorum* 7.9.

1. 护教的教父

在尝试说服异教学者相信其新信仰的优越性时，基督教的护教士们面临一个严重的问题。那时人们普遍相信，任何称职的宗教都必须根植于可敬的古代传统：所有人（包括犹太人）都认为没有什么东西可以既是新的又是真的。[①] 基督徒因声称自己的信仰最近起源于耶稣基督而招致嘲笑。例如，一个被称为塞尔苏斯(Celsus)的公元 2 世纪的异教哲学家嘲笑他们是一个无根的族类，“将自己隔离起来，摆脱其余的人”：“我会问他们从哪里来，或者谁是其传统律法的作者。他们会说，没有人。”[②]一个世纪以后，新柏拉图主义者波菲利(Porphyry)同样对一个自认为“可以在没有路的沙漠中辟出一条新路”的信徒团体感到困惑不解。[③] 基督教的护教士们严肃地看待这些指控，认为需要有一个答案。他们在所谓的“柏拉图主义东方学”中找到了答案：他们普遍相信，柏拉图不仅讲授了哲学，还教导了一种古老的宗教智慧，这种智慧并非根植于他本人的希腊文化，而是最终源于最为古老和可敬的东方传统。埃及人称三重伟大的赫尔墨斯是这种“古代神学”的最初源泉，波斯人称琐罗亚斯德，希腊人称俄耳甫斯(Orpheus)或毕达哥

---

① Arthur Droge, *Homer or Moses? Early Christian Interpretations of the History of Culture*, J. C. B. Mohr (Paul Siebeck): Tübingen 1989, 9.

② Origen, *Contra Celsum* 5.33, 8.2 (Henry Chadwick [ed.], At the University Press: Cambridge 1953, 289, 454).

③ Eusebius, *Praep. Evang.* I.2.4 (参见 Droge, *Homer or Moses?* 175).

拉斯；而殉教士尤斯丁(Justin Martyr)、塔提安(Tatian)、亚历山大里亚的克雷芒、奥利金(Origen)和凯撒里亚的优西比乌(Eusebius of Caesarea)等基督教护教士都认为，所有这些异教哲学家从根本上说都依赖于摩西在西奈山编成法典的希伯来人的古老智慧，它最终在耶稣基督的教导中大放光彩。

这一论点暗示，基督教并不是全新的。它是对根植于摩西智慧的真正古老宗教的复兴——此前因为恶魔的影响，这种古老宗教经历了长时间的衰落，异教族类一直将恶魔当作他们的神来崇拜。从一开始，永恒的逻各斯即神的道就赋予了那种宗教以灵感，甚至在神的道在耶稣基督中最终"成了肉身，住在我们中间"(《约翰福音》1.1—14)之前很久就是如此。关于这种立场，圣奥古斯丁的说法特别有表现力：

> 现在被称为基督教的那种东西是与古人一致的。从开端到基督道成肉身，它一直与人类同在：从那时起，业已存在的真宗教就开始被称为基督教。[①]

对基督徒来说，这意味着真正的智慧不仅可见于犹太教和基督教的圣经，还可见于异教贤哲的著作。像埃及的三重伟大的赫尔墨斯或柏拉图本人这样的可敬权威，都可能在摩西启示的源泉中啜饮，也可能在不知不觉间直接被神的道赋予灵感。因此，他们可以被视为"无意中的基督徒"，通过他们，神一直在为福音的降临

① Augustine, *Retractationes* I.1.2.3.

温柔地作着准备。这种观念使所有古代哲学著作都有可能被当做基督徒潜在的研究来源和灵感来源。保罗对希腊人的布道可以强有力地支持它。在提到他们“献给不认识的神”的祭坛时，使徒保罗对雅典人说，“我现在把你们不认识而敬拜的这位神，传给你们”(《使徒行传》17.23)。

这种护教传统对于整个西方神秘学和基督教的重要性几乎怎样形容都不为过。在努力理解基督教义的过程中，无数神学家不是遵循着德尔图良的教导，拒绝接受任何异教哲学，视之为与基督教不相容，而是渐渐采用了柏拉图主义等希腊哲学的框架和概念。奥古斯丁本人就是一个非常权威的典型案例，他说“没有人比柏拉图主义者更接近我们[基督徒]”，并断言真确的教导也可能由其他族类的贤人或哲学家所持有，“无论他们是亚特兰提克的利比亚人、埃及人、印度人、波斯人、迦勒底人、斯基泰人、高卢人还是西班牙人”。[①] 关于柏拉图主义哲学如何能与基督教神学紧密地整合在一起，一个特别生动的例子是被称为“亚略巴古的丢尼修”(Dionysius the Areopagite，因为他被错误地认定为圣保罗在亚略巴古向雅典人布道时皈依的一个希腊人[《使徒行传》17.34])的公元5、6世纪的匿名作者。这位伪丢尼修极具影响力的著作中渗透着新柏拉图主义形而上学，从而使柏拉图主义哲学与基督教神学更有可能结成联盟。

① Augustine, *De Civitate Dei* VIII. 5. 9. 不过，他把三重伟大的赫尔墨斯斥为一个偶像崇拜者：Augustine, *De Civitate Dei* VIII., VIII. 23—4。

2. 古代神学与长青哲学

到了中世纪，当柏拉图在经院哲学中基本上被亚里士多德所掩盖时，教父护教学中固有的柏拉图主义失去了大部分权威性。但在文艺复兴时期它又强势回归，原因很简单：几乎所有相关的原始资料——柏拉图的全部对话、《赫尔墨斯秘文集》、《迦勒底神谕》以及普罗提诺、扬布里柯（Iamblichus）、普罗克洛斯（Proclus）等新柏拉图主义作者的一系列文本——现在都有了拉丁文译本，而且印刷术的发明使之以前所未有的规模传播开来。柏拉图学说东源论在文艺复兴时期的这种恢复被称为"古代神学"（*prisca theologia*）或"长青哲学"（*philosophia perennis*）：这两个术语常常被合而为一，但应明确区分。

以马尔西利奥·菲奇诺为先锋的古代神学纲领具有改革和复兴的革命性含义。对千禧年和世界末日的期望正在15世纪下半叶普遍流传，各种古代宗教和哲学的资料现在突然重见天日并不被视为纯粹的巧合。恰恰相反，它必定是神意之手在起作用：神正亲自告诉基督徒如何回到神启的最初源泉。新的柏拉图主义哲学所激起的兴奋大都与企盼这场即将到来的复兴有关。不过，菲奇诺的纲领有一个奇特的方面。虽然他的基督教动机无疑是真诚的，但他追随盖弥斯托斯·普莱东的脚步，强调古代智慧的最早权威是琐罗亚斯德而不是摩西。这意味着，即使希伯来人的宗教也可能最终源自和依赖于一个异教圣人的教导（更糟的是，这个人被视为魔法的发明者）。乔万尼·皮科·德拉·米兰多拉的基督教

51

卡巴拉纲领似乎是有意要纠正这种观点,把它引回到一个更加正统的方向上。

与菲奇诺不同,皮科和护教的教父们一样称摩西是古代智慧的最早权威,所有异教圣人都依赖于摩西。但这还不是全部。皮科声称做出了一项轰动性的发现,为教父观点的真理性提供了更有说服力的新证据。摩西在西奈山上不仅领受了针对大众的刻在石版上的十诫,还领受了一种留给极少数人的秘密教导,即所谓的卡巴拉。所有异教圣人教导中具有持久价值的东西都源于这种至高无上的智慧。卡巴拉一直被犹太人小心翼翼地保存着,始终不为基督徒所知。但作为研究希伯来原始文献的第一个基督徒,皮科自称发现了连犹太人自己都没有看到的一个秘密:所有基本的基督教教义都已经包含在卡巴拉经文中,甚至包括耶稣的名字!通过这一论点(不用说,现代犹太卡巴拉研究绝不会支持它),皮科为基督教卡巴拉作为古代神学一种具体形式的后续发展打开了大门。他的纲领甚至比菲奇诺的更具革命性,因为它不仅暗示异教智慧与基督教教义之间是一致的,甚至还会迫使犹太人接受弥赛亚和皈依基督教:这一事件被普遍视为基督再临的序幕。

52 当然,这些期待都没有实现。皮科和菲奇诺去世几十年之后,一场非常不同的"改革"在他们失败的地方成功了:马丁·路德同样呼吁"回到源头",但事实表明,新教比天主教更加敌视"异教智慧"。1540 年阿戈斯蒂诺·斯托伊克所强调的"长青哲学"概念必须结合这一背景来审视。与"古代神学"的革命性含义不同,斯托伊克对古代智慧的理解是非常保守的。他非但没有提出有必要"回归"或"改革",反而声称人类一直都拥有普遍而永恒的真理,而且永远会如此。斯托伊克与教皇关系非常好，他的著作于罗马天主教神学家试图对路德的宗教改革作出回应的特伦特会议前夕问世。斯托伊克强调所有古代智慧与罗马天主教教义的普遍一致性，试图维护教会作为神所设立的宗教和哲学真理之贮藏所的统一性。在他看来，任何改革都是不必要的甚至是不可能的，因为真理从未失去：罗马天主教完好无损地保存着古代智慧，并把它提供给所有基督徒以拯救他们的灵魂。于是我们看到，在罗马天主教的背景下，柏拉图主义东方学复兴的影响既可以是革命的，也可以是保守的。

3. 反异端立场

如果我们还记得辩护与辩论是不可分的，那么就不会奇怪，将“好的”异教信仰整合进基督教，其反面乃是同样强烈的排斥。首先，认为天主教徒对“异教智慧”都持正面看法（无论新教的辩论家是多么努力地暗示这一点），这显然是错误的。一些教父护教士即使接受它，也只是因为认为它与基督教教义相一致并且依赖于摩西的启示；而教会的其他教父则更持怀疑态度，他们宁愿强调而不是尽量淡化异教徒与基督徒之间的差异。我们已经提到的德尔图良就是一个例子；就崇拜活动而言，与异教的偶像崇拜不可能达成妥协，十诫中的前两条诫命已经明确谴责了偶像崇拜。一旦基督教在君士坦丁大帝之后占据统治地位，流行于罗马帝国的整个占卜活动和相关修习（如解读征兆和预兆、异象、解梦、神谕、占星学、通灵术和各种预言术）都以魔法（*Magia*）和迷信（*superstitio*）的名

53

义遭到禁止；一般认为，所有这些最终都是与接触恶魔有关的偶像崇拜。正如我们已经看到的，直到中世纪，随着“自然魔法”概念的出现，这种情况才开始改变。

早期基督教辩论家留给后来罗马天主教传统的最具威力的遗产是他们对“异端”(heresy)的概念化。正如卡伦·金(Karen L. King)已经令人信服地指出的，现代研究的主流认为，反异端策略“并非针对明确的外部敌人，而是为了应对一场内部的差异危机。……辩论家们需要画出清晰的分界线，因为边界实际上并不太清晰”。[①] 现代学术界已经渐渐认识到，早期基督教其实是一种极为多样的现象，从“灵知主义”到我们现在所谓的“正统”，教义诠释有很宽的范围。在试图根据自认为的真正信仰来创建教义统一性的过程中，伊里奈乌、希波吕托、埃皮法纽等教父设想它正受到一种被称为灵知派的反教会异端的威胁。这场反灵知主义的辩论是通过创建“他者”来确立身份的一个经典例子，引人注目的是，甚至连20世纪的现代学者也不加批判地接受了它(主要是因为一种根深蒂固的新教偏见)。[②]

一个特别有效的辩论策略是创建历史谱系，设想所有形式的异端都来自同一个起源。伊里奈乌称行邪术的西门(Simon Magus)(《使徒行传》8.9—24)最初是异端的头目和魔鬼的工具。到了16世纪，从约翰·韦耶(Johann Weyer)开始的许多反巫术作家和异

---

① Karen L. King, *What is Gnosticism?* The Belknap Press of Harvard University Press: Cambridge, MA/London 2003, 29—30.

② King, *What is Gnosticism?*中作了详细说明。

端批判者都采用了这种叙事:“从西门开始,仿佛从一个种荚中涌出了一长串可怕的拜蛇教教徒(Ophites)、无耻的灵知派……、不虔敬的瓦伦廷派(Valentinians)、塞尔多派(Cardonians)、马克安派(Marcionists)、孟他努派(Montanists)和其他许多异端。”[①]但韦耶想象西门本人继承了一个更古老的异教偶像崇拜谱系,它源于诺亚的儿子含(Ham)和含的儿子麦西(Mizraim),而麦西被认为就是魔法的发明者琐罗亚斯德。[②] 这个危言耸听的“黑暗谱系”成为后来反巫术文献的主要内容之一,表明异教信仰和灵知派异端如何可能在倒转的柏拉图主义东方学(Platonic Orientalism-in-reverse)的语境下合并成一个虚拟的身份:我们现在得到的不是源于摩西的神的智慧的叙事,而是源于琐罗亚斯德的恶魔渗透的叙事,在这两种情况下,柏拉图和后来的柏拉图主义者都被视为异端进入基督教的主要渠道。“异教的”希腊化影响与和“灵知主义”联系在一起的宗教观点之间的关系实际上极为复杂,但如上所述,记忆史叙事所作的简化往往要比历史学家认真的重建有效得多:这仅仅是因为异教的偶像崇拜和异端都是代表基督教的彻底“他者”的完全负面的术语,在辩论的想象中,它们最终必定被等同于恶魔的谬见和灵性的黑暗。

54

于是在宗教改革前夕,罗马天主教传统中有两种关于“异教信仰”的不同观点,它们均由教会的教父们所开创:一种是包容性的

① Weyer, *De praestigiis daemonum* II. 3.

② Wouter J. Hanegraaff, *Esotericism and the Academy: Rejected Knowledge in Western Culture*, Cambridge University Press: Cambridge 2012, 83—86.

观点，承认古代异教智慧潜在地分有了基督教真理，另一种是排他性的观点，认为任何异教影响都是导致异端的恶魔渗透。在这种矛盾的背景下，我们的“西方神秘学”概念所从出的戏剧的第二幕开始了。

新　　教

普莱东、菲奇诺和皮科所推动的柏拉图主义东方学在文艺复兴时期的复兴从一开始就激起了强烈的反柏拉图主义回应。1458年，亚里士多德主义者特拉布松的乔治（George of Trebizond）在回应普莱东时，已经把柏拉图称为一切可以设想的堕落和所有异端之源。尤其在反巫术文献中发展出一种“黑暗谱系”的观念，从异教的东方经由柏拉图主义一直到灵知派等基督教异端。到了16世纪末，乔万尼·巴蒂斯塔·克里斯波（Giovanni Battista Crispo）的著作《论谨慎阅读柏拉图》（*De Platone caute legendo*，1594）使反柏拉图主义的批判达到顶点，他强调柏拉图是导致教会腐败的首要原因。关于克里斯波的著作，一个关键点是他追问教会如何可能允许柏拉图主义异教信仰的危险病毒侵入和蔓延。他的回答很明确：这一切都始于所谓的护教教父，他们因过分善良而幼稚地允许柏拉图的教导在神学中发挥作用。具有讽刺意味的是，作为一个游走于天主教最高阶层的反宗教改革的神学家，克里斯波似乎没有意识到新教徒可以把这一论点当作绝佳的武器来对抗罗马教会。

当然，新教的辩论家们已经指出，教会从使徒时代至今已经严重误入歧途。一个经典例子是1559年至1574年由马提亚斯·弗拉齐乌斯·伊利里库斯(Mathias Flacius Illyricus)等人编纂出版的多卷本教会史著作——《马格德堡世纪》(*Magdeburg Centuries*)。正如有学者生动地指出的，

> 在这一新教的描述中，教会始于纯洁无瑕的使徒时代，后来慢慢地溃烂堕落，直至成为它的反面，现在的教会已经不是基督的教会，而是反基督的教会，不是用来拯救人，而是用来摧毁人。①

《马格德堡世纪》仍然视教廷为腐败的主要根源，但是从16世纪末开始，越来越多的作者开始主张，"基督教的希腊化"——亦即异教哲学的影响，特别是以柏拉图主义的形式——是恶的真正起源。从殉教士尤斯丁开始的护教教父们已经犯了一个致命的错误，他们同异教开展对话而不是断然拒绝它，异端便是结果。显然，从这种观点来看，柏拉图主义东方学在当时的复兴被认为特别危险。人人都可以看到，它导致了对波斯的琐罗亚斯德和埃及的赫尔墨斯等异教导师的极力赞赏，占星学和魔法等异教活动，以及犹太人——基督的宿敌——深奥难解的卡巴拉思辨。新教的强硬派指出，所有这一切都与福音毫无关系。天主教学者竟然严肃地捍卫这样的教导，这再清楚不过地表明，他们已经完全丧失了与真 56

① Mark Pattison, *Isaac Casaubon, 1559—1614*, 2nd edn, Clarendon Press: Oxford 1892, 322.

正基督教信仰的联系。

1. 反护教主义

在17世纪下半叶的德国，这一论证思路引出了一个被称为“反护教主义”(anti-apologeticism)的思想学派。[①] 它强调要对导致异教信仰渐渐感染教会的教父护教传统做出激进的新教回应。反护教主义的叙事与哲学史作为一门学术性学科的出现有密切关系，可以追溯到雅各布·托马西乌斯(Jacob Thomasius，1622—1684)的作品。我们将会看到，托马西乌斯开启了一种新的论证思路，该思路历经若干个阶段在其继承者的工作中发展起来。它最终导致的概念框架被启蒙思想家大体上继承下来，对“西方神秘学”如何被概念化为一个独立的研究领域产生了决定性的影响。

在这一发展中，托马西乌斯首先是提出了一种新的方式来区分圣经宗教和异教哲学。他以典型的新教风格声称，圣经宗教是神直接启示的，有绝对的权威性。由于《圣经》的启示是绝对正确的，所以它没有发展，也没有历史；而神的道完全超越于人的理性，所以也不能对它作哲学分析，而只能径直相信。与此相反，异教徒的哲学体系却依赖于脆弱而易出错的人类理性，它们都有一个共同的核心假设：世界是永恒的，因此并不是神从无中创造的。但托

① 权威讨论是 Sicco Lehmann-Brauns，*Weisheit in der Weltgeschichte：Philosophiegeschichte zwischen Barock und Aufklärung*，Max Niemeyer：Tübingen 2004。本节论点的完整版本参见 Hanegraaff，*Esotericism and the Academy*，Chapter Two。

马西乌斯不知道,“从无中创造”(*creatio ex nihilo*)这一教导其实不是《圣经》的,而是安条克的西奥菲鲁斯(Theophilus of Antioch)和塔提安于公元2世纪引入的。[①] 异教反对在神与世界之间或者造物主与造物之间做出截然的“圣经”区分,使世界变得像神本身一样永恒。所有异端信念都出自这个核心谬见:流溢说(灵魂或理智并非由神从无中新造,而是从他的永恒本质中流出)、二元论(形式与质料或者神与物质都同样永恒)、泛神论(世界是神)和唯物论(神是世界)。它们以各种方式对造物加以神化而损害了造物主。

57

通过魔鬼的诡计,这些学说已经渗透到基督教中,特别是以柏拉图主义的形式。托马西乌斯把异教哲学在基督教背景下的这种延续斥为融合主义(syncretism)和异端的一个案例,无论它出现在教父的作品和罗马天主教教义中,还是出现在灵知主义的各种形态以及从“异端的头目”魔法师西门那里发源的其他教派运动中。重要的是,根据托马西乌斯的论证逻辑,宗教改革之前的整个教会史现已成为异端历史的同义词。事实上,历史本身就等同于谬见的发展:与《圣经》中神的道的绝对真理性(根据定义就超越了时间和发展)相反,整个教会史可以被描述为错误的教义持续出现,然后不断尝试虚伪地重建。这个过程甚至到宗教改革也没有结束:尽管有路德的革命——迄今为止引领基督教回到福音的最严肃的尝试——但柏拉图主义的异端邪说现正作为非正统精神出现在新教背景中。这便是在17世纪蓬勃发展的许多“唯灵论”和神智学

① Gerhard May, *Creatio Ex Nihilo*: *The Doctrine of 'Creation out of Nothing' in Early Christian Thought*, T&T Clark International: London/New York 1994.

教派。托马西乌斯指出,其共同之处是都极端强调个人的宗教体验而牺牲了教义信念。这种现象常被称为"宗教狂热"(Enthusiasm, Schwärmerei),它同样基于世界永恒这个核心谬见——这里表现为主张流溢和复归(restitution)的柏拉图主义学说,声称灵魂源于一个永恒的神圣光明世界,并将再次回到它。流溢说暗示人类可以通过从经验上直接了解自己的神圣本质,藉由心灵的"狂喜"状态而回到神,这显然等同于通过一种拯救性的"灵知"进行自我拯救和神化的典型的灵知主义学说。

58

作为一种有效的辩论策略,托马西乌斯的论点是天才之举。它将真正的基督教与其异教和异端的"他者"截然区分开来,并且表明后者的诸多形式——从教父到其灵知派对手,从罗马天主教到各种形式的新教异端——都源于同一条原则,那就是世界的永恒性,这条原则似乎与本体论和认识论的层次都有关:它既涉及异教徒和异端的一般哲学世界观(从二元论到泛神论,以及介于两者之间的一切),又涉及他们关于如何找到真正知识的看法("灵知"的首要性基于灵魂的永恒性)。简而言之,托马西乌斯找到了一条道路,不仅可以一石二鸟,而且可以一石摧毁整个异端之鸟的家族!

托马西乌斯的方法被埃雷戈特·丹尼尔·科尔贝格(Ehregott Daniel Colberg,1659—1698)这位好战的路德宗牧师所继承,后者在两卷本著作《柏拉图主义-赫尔墨斯主义基督教》(*Das Platonisch-Hermetisches Christenthum*,1690—1691)中把它用作概念基础对异端发起了猛烈抨击。在这部著作中,通过对信徒们相信什么和宣称什么加以分析,他历史上第一次把今天在"西方神秘学"的标题下研究的所有事物归于同一棵异端"家族树",认为其核心谬见在于企图把哲学推理应用于神圣事物，而这完全超出了脆弱的人类理智的范围。当人类自以为是地企图“揣测神的道不置一词的启示奥秘”[①]时，便会导致融合主义。在科尔贝格的异端学(heresiological)想象中，柏拉图主义-赫尔墨斯主义基督教的诸多“教派”如同一种污秽的害虫从“柏拉图主义的卵”中爬出来：这又是一个例子(就像上述魔法师西门的“种荚”)，表明让人恐惧的生动形象如何能与使敌方失去人性的历史谱系结合起来，将所有形式的他者追溯到同一个恶魔起源。大体说来，科尔贝格把关注灵魂本性的异端看成“柏拉图主义的”，而把关注自然研究(尤其是炼金术和帕拉塞尔苏斯主义)的异端看成“赫尔墨斯主义的”，但两者在概念上都基于托马西乌斯对异教的理解，即把异教看成一个拒绝接受“从无中创造”这条教义的统一传统。 59

我们将会看到，在我们“西方神秘学”概念所从出的历史剧的第三幕也是最后一幕，反护教主义将以启蒙编史学的面貌重返舞台。但我们首先要关注这个故事的另一面：正如罗马天主教的护教传统反对辩论性地拒斥异教的东西，反对异教和异端的新教辩论家也有其护教对应相伴随。

2. 虔敬派的反应

随着宗教改革导致与罗马天主教的分裂，其代表人物开始彼

① Ehregott Daniel Colberg, *Das Platonisch-Hermetisches Christenthum* …, 2 vols, Moritz Georg Weidmann: Frankfurt/Leipzig 1690—1691, vol. I, 5.

此争论如何正确地诠释基督教信仰。结果导致新教越来越分裂为大大小小的“教派”和精神团体，其中很多信徒都极不赞成“正统的”强硬派和卫道士在教义上的不宽容。他们认为真正的基督徒应当努力效仿最初的使徒群体：不应像猫狗一样就教义问题相互攻讦，而应着力培养一种彼此和谐并与耶稣的道德教诲相一致的可作楷模的虔敬生活。这些人要比其“正统的”新教同仁更容易接受柏拉图化的倾向以及炼金术的和帕拉塞尔苏斯主义的思辨，并最终导向基督教神智学和对玫瑰十字会理想的迷恋。当然，正是这些倾向被科尔贝格斥为“柏拉图主义-赫尔墨斯主义基督教”；到了 17 世纪末，虔敬派开始受到类似的指控。但对于信仰的真正本性和基督教的历史，他们有自己的独特想法，由此导致的观点将在西方神秘学研究中变得极有影响。

这里的核心人物是激进的虔敬派教徒戈特弗里德·阿诺德(Gottfried Arnold，1666—1714)，著名的《无偏见的教会史和异端史》(*Unparteyische Kirchen-und Ketzer-Historie*，1699—1700)便出自他之手。今天作品大都被人遗忘的巴尔塔萨·克普克(Balthasar 60 Köpke)或约翰·威廉·齐罗尔德(Johann Wilhelm Zierold)等虔敬派教徒试图通过有些暧昧地捍卫教父的护教观点来回应反护教的人；但有趣的是，阿诺德找到了一种方法，可以不把护教主义而是把反护教主义用作武器来为“异端”作辩护。他同意德尔图良或托马西乌斯等作者的看法，认为异教哲学与基督教信仰之间绝不可能有任何一致，因此他在自己的基督教史中丝毫不关注柏拉图主义或其他异教哲学。但与此同时，他似乎意识到了反护教主义者论证中的弱点。随着新教历史学家变得越来越善于在基督教教义中辨识出异教哲学的痕迹，情况已经越来越清楚：它几乎无法摆脱这种影响，没有这种影响根本不行。仅凭《圣经》去建立一个神学体系是根本不可能的。深刻的讽刺在于，反护教主义者因纠缠于异教的污染而最终破坏了他们试图捍卫的正统，反倒促进了虔敬派的论点，即《圣经》是关于实际虔敬的，而根本不涉及神学教义。

在此基础上，戈特弗里德·阿诺德改变了游戏规则：他将基督教的历史建立在真正的基督教虔敬与教义神学之间的对立上，而不是建立在圣经基督教与异教异端之间的对立上。异教哲学及其历史影响的问题不再重要。唯一有效的标准是某位作者的作品是否体现了阿诺德认为最初的使徒群体曾经践行的谦卑信仰、爱、团结、和平与实际虔敬的精神。所有这样做的人都是真正的基督徒，无论他们是否被官方教会视为"异端"。真正的异端是那些就教义细节进行无休止争论的教条神学家，是他们把基督的教会变成了一个充满争吵、诽谤、暴力和虚荣野心的污秽"粪坑"(这是另一个强有力的引起辩论的他者形象)。与历史上基督教令人沮丧的场景及其无尽的教义之争相反，阿诺德认为有一个基于神的智慧(Sophia)的、超历史的直接宗教体验原则。他坚称，这样一种内心光照的体验是神在人的灵魂中的运作，其内容无法用言语表达：这是一个隐藏的秘密，只显示于谦卑而虔诚的内心。于是，一反有形教会及其无休止的教义争吵、顽固偏狭、不宽容和暴力，这种神的光照使我们有机会看到将所有真正的基督徒统一在一起的"无形教会"。有形教会是一种"外在的"历史现象，而无形教会则是一种"内在的"精神现象。 61

如果说托马西乌斯和科尔贝格最先把“西方神秘学”理解成一种建立在“基督教希腊化”基础上的历史现象，那么阿诺德则是我们所谓的西方神秘学“第三种模型”[①]即“宗教主义”（religionism）的主要开拓者，“宗教主义”基于一个普遍的“内在”维度概念，即可由个人宗教体验通达的“灵知”。正如第一章所解释的，在这样一种语境下，与异教哲学如何影响了基督教发展等问题有关的历史研究就变得毫无意义。从宗教主义角度来看，这些研究错误地把宗教（或者这里是神秘学）归于外在历史因素的产物，而它真正所指的却是一种独特的灵性实在。但从历史角度来看，宗教主义错误地忽视了宗教的多样性、历史变迁和任何“外在”影响问题，因为它所关心的不过是一个超越了历史且学术研究永远无法通达的体验维度罢了。

现　代　性

现在我们来到了这场身份冲突戏剧的第三幕。罗马天主教先是把自己确立为反对犹太教和异教；然后，新教又把自己定位为反对罗马天主教、异教和异端；最后，我们将会看到，启蒙思想家们把新教的论证继续下去，最终使自己完全脱离了基督教。当然，对18个世纪里发生的事情作这样的总结只可能是一种极端简化，但它至少能使我们提纲挈领地觉察到一个特定的思想实践领域如何以及为何会渐渐被西方话语的主导叙事排除在外，并且被广泛地

① 参见第一章，pp. 10—14。

视为“他者”。

1. 哲学史

62

在这第三幕中，德国思想文化扮演着核心角色。雅各布·托马西乌斯(Jacob Thomasius)的儿子克里斯蒂安·托马西乌斯(Christian Thomasius，1655—1728)比他父亲著名得多，他用父亲的批判工具使哲学史不再依赖于神学，变成了一门自治学科。不应拒斥异教思想家的体系，而是必须认识到它们本身的价值：它们都试图通过纯粹人类的方式而不是借助于启示来理解世界。克里斯蒂安·托马西乌斯通常被视为“德国启蒙运动之父”，他和他的父亲一样厌恶融合主义；但他认为可以使哲学摆脱异教的偏见和迷信，从而最终得到一种摆脱了形而上学的实际而有用的哲学。这种方法被称为“折衷主义”(eclecticism)。哲学史家不能只是不分真假地对各个哲学学派的主张做出描述，而应去伪存真，用自己的理性判断能力将哲学的“麦子”与伪哲学的“谷壳”分离开来，接受合理的观念，拒绝不合理的观念。

折衷主义是启蒙运动时期德国思想生活的一个关键因素。[①]它不仅成了启蒙思想家区分理性和迷信的核心工具，甚至被“柏拉图主义/赫尔墨斯主义”思想所吸引的作者也用它来强调他们认为

① Michael Albrecht, *Eklektik: Eine Begriffsgeschichte mit Hinweisen auf die Philosophie- und Wissenschaftsgeschichte*, frommann-holzboog: Stuttgart/Bad Cannstatt 1994.

合理的东西。对我们目前的关切而言,激进的启蒙派是最相关的。有“哥廷根的托马西乌斯”之称的克里斯托弗·奥古斯特·霍伊曼(Christoph August Heumann,1681—1764)常被视为现代哲学史学科的创立者,他用折衷主义方法一举消除了异教迷信。1715年,霍伊曼在他的《哲人学刊》(*Acta Philosophorum*)中提出了一套标准来识别“伪哲学”,并强调他指的是建立在柏拉图主义东方学基础上的整个“古代智慧”谱系。在他眼中这不过是“愚蠢”罢了,于是他一边对其代表人物大加嘲讽,一边跟他们永远说再见:

63

> 再见了,亲爱的迦勒底哲学、波斯哲学、埃及哲学等,出于对古代的盲目崇拜,我们通常会对这些东西太过注意。……如果我丝毫不尊重所有那些秘密哲学群体(*Collegia philosophica secreta*),而是判定时间的流逝已经非常正确地隐藏了这些秘密,使之被倒入遗忘之海,那么没有人会反对我;即使这些野蛮哲学家(*philosophorum barbarorum*)的著作被后代保存下来,也应立刻将其送到秘密的地方(*ad loca secretiora*),因为不应把愚蠢的迷信留在图书馆。①

霍伊曼正在宣布我们现在所谓的“西方神秘学”从官方哲学话语和一般的学术讨论中最终消失。在雅各布·托马西乌斯或埃雷戈特·丹尼尔·科尔贝格等作者看来,这些异教徒和异端仍然是

---

① Christoph August Heumann, ‘Von denen Kennzeichen der falschen und unächten Philosophie’, *Acta Philosophorum* 2 (1715), 209—211.

正经而危险的对手，而霍伊曼却将他们斥为愚人和白痴，无权被严肃对待，他们的作品在学术图书馆或任何其他图书馆中都不应有一席之地。18世纪以后的学术研究本质上遵循了他的建议。

启蒙折衷主义最有影响力的代表是约翰·雅各布·布鲁克（Johann Jacob Brucker，1696—1770），他著有六大卷《批判的哲学史》（*Historia critica philosophiae*，1742—1744，增补版1766—1767）。布鲁克在当时的名气应该比今天更大：从启蒙时代到至少黑格尔时代，他的作品是哲学史上的权威参考书，狄德罗（Diderot）著名的《百科全书》（*Encyclopédie*）以及其他许多名气较小的参考书中的哲学词条大都是改写或剽窃自《批判的哲学史》。基于雅各布·托马西乌斯的反护教原则以及克里斯蒂安·托马西乌斯和克里斯托弗·奥古斯特·霍伊曼的折衷主义方法，布鲁克完整地考察了整个人类思想史，旨在将哲学的"麦子"与伪哲学的"谷壳"分离开来。结果，他的大作由真哲学（折衷哲学[*philosophia eclectica*]）和假哲学（教派哲学[*philosophia sectaria*]）这两条相互交织的线索所组成。我们已经看到，科尔贝格于1690—1691年出版了第一部"西方神秘学史"。布鲁克对"教派哲学"的讨论应当被视为第二部，事实上也许是曾经出版的最为广泛和详细的考察。布鲁克区分了三个一般时期： 64

（1）基督诞生之前的迦勒底哲学/琐罗亚斯德哲学/埃及哲学；

（2）天主教时代的"新柏拉图主义"和"卡巴拉"两大体系；

（3）宗教改革之后出现的"神智学"体系。

《批判的哲学史》显然是从一种极具批判性和敌意的角度来看待所有这些潮流，因为布鲁克将霍伊曼的理性主义与坚定地信奉新教正统结合起来;但他的作品有一种敏锐的历史批判意识,他并非径直无视于“教派哲学”,而是在认真彻底地作了研究并且熟练掌握了原始资料之后才拒斥每一个思想家或体系。

在布鲁克的综合中,我们现在所谓的“西方神秘学”领域的典型特征是“隐藏为基督教的异教宗教的延续”。它与哲学一样有其异教基础,但与哲学不同,它并非基于理性。它与基督教一样有其宗教性,但与基督教不同,它是一个假宗教,并非基于启示。布鲁克的作品至关重要,因为在创作它的时候,学者们对所有这些潮流和观念的记忆仍然完好无损,与此同时,它又提供了令人信服的理由将所有这些东西倒入霍伊曼的“遗忘之海”。布鲁克之后的历史学家们抓住了要点:如果所有这些东西仅仅是伪哲学和伪基督教,那么就不再有必要在哲学史或教会史中予以很多关注。从现在起,这些思想潮流和宗教潮流开始淡出学术教科书,直到今天,它们在教科书中也只有脚注的地位。没有任何学科着手处理它们,结果它们就成了“学术上的无家可归者”。在整个 19 世纪和 20 世纪的大部分时间里,学者和知识分子们自豪于对此类事情一无所知,对这些传统有意的无知深植于学术生活中。除了极少数例外,只有业余学者在持续书写相关的东西,由此导致历史错误和误解充斥于鱼龙混杂的文献。这些著作的可疑品质进一步增强了那种常见看法,认为“神秘学”是为严肃学者所不齿的领域。这种螺旋式下降一直持续到 20 世纪,直到近几十年来,我们才看到有学者在就这个“被拒知识”的领域进行自学。

如果说新教是相对于已经潜入罗马天主教的“异教”异端而确立了自己的身份,那么启蒙运动则是进一步依赖于新教的辩论,相对于“迷信”和“偏见”而确立了自己的身份。一种流行的看法是，理性的启蒙运动正在抨击非理性的基督教信仰和修习，但这只是真相的一半。更正确地说，其真正的靶子是已经在基督教中变得根深蒂固的异教。例如，我们可以在伏尔泰那里清楚地看到这一点。他有一句著名的妙语，说迷信诞生于宗教，“就像一位聪明的母亲生了个傻女儿一样”。因此在伏尔泰看来，作为“崇拜一个至高存在，服从其永恒命令”的宗教本身是足够智慧和合理的。问题出在别的地方：“诞生于异教并且被犹太教所采纳的迷信从一开始就感染了基督教会”，[①]正是针对这种“隐秘”偏见的感染，启蒙运动才界定了自己的身份。因此，虽然彼得·盖伊(Peter Gay)将启蒙运动著名地称为“现代异教的兴起”[②]大错特错，但也说明了现代学术界对自己的起源遗忘得是多么彻底。

2. 浪漫主义的反应

在德国浪漫主义和唯心论那里，我们碰到了记忆史遗忘症的一个类似案例。它们作为文化哲学现象的重要性是众所周知的，但折衷主义编史学的总体倾向(见上文)已经导致对浪漫主义的内容做出了选择性的刻画。对我们来说，最相关的是催眠术和梦游

---

① Voltaire, *Treatise on Tolerance and other Writings*, Cambridge University Press: Cambridge 2000, 83; Dictionnaire philosophique …, Garnier: Paris 1967, 394, 396.

② Peter Gay, *The Enlightenment: An Interpretation. Vol. II: The Rise of Modern Paganism* (1966), W. W. Norton & Co.: New York/London 1977.

症在19世纪初的影响。梦游症患者在恍惚状态中显示出来的惊人的视觉和认知能力在当时的社会被广泛讨论，浪漫主义者是通过一种针对启蒙理性主义的反形而上学来理解这些能力的。他们将理性主义者浅薄的“白昼”世界与梦游症患者通过象征和诗意语言表达的极富意义的“夜晚”世界对立起来，因为理性主义者将一切事物都还原为冷冰冰的逻辑和推理。浪漫主义者声称，当身体感官关闭，进入梦乡或梦游状态时，我们的灵魂便意识到了更大的精神世界，那里才是它真正的家。换句话说，沉睡着的其实是理性主义者，他们对实在的更深层次毫无意识，纯粹是出于无知才将“更高的”人类超常认知能力和神秘力量斥为迷信。

66

浪漫主义者在帕拉塞尔苏斯主义和基督教神智学的基础上为一种“附魔”世界观的科学优越性作辩护，他们坚称，梦游症揭示了启蒙理论家所忽视的关于自然和灵魂的经验事实。这种观点对人类思想史产生了深远的影响：浪漫主义者现在可以说，被启蒙运动扫入历史垃圾箱的所有不可思议的现象——魔法、占卜、超感官知觉、象征、神秘学——其实都是灵魂及其隐秘力量的自然表现，对人类文化的发展至关重要。约瑟夫·安内莫泽(Joseph Ennemoser)等作者出版了大部头的“魔法”史，将关于精神如何通过历史自我实现的唯心论叙事与虔敬派对内在性的强调结合起来，认为外在事件只是灵魂及其神秘力量的更深“内在”事件的反映。在这些叙事中，古代世界被理想化为一个“黄金时代”，当时的人仍然懂得神秘的自然语言，而东方人则是“古代智慧”的发源地。

我们已经看到，催眠术和梦游症朝着1900年前后的实验心理学和精神病学直线发展。卡尔·古斯塔夫·荣格(Carl Gustav

Jung)的心理学根植于德国浪漫主义催眠术的程度远远超过通常的理解,他采取的历史进路建立在浪漫主义和唯心论基础上。根据荣格的解释(这对“二战”后流行的“神秘学”观念产生了巨大影响),从古代晚期的灵知主义和新柏拉图主义,经由中世纪的炼金术,到文艺复兴时期的帕拉塞尔苏斯主义等传统,再到德国浪漫主义催眠术,最后到现代的荣格心理学,有一个连续的灵性传统。荣格成为一个极具影响的现代思想传统的中心,该传统将心理学与对神话和象征的迷恋结合起来,有意反抗占主导地位的世界的理性化和除魔倾向。赞同这一议程的知识分子和学者每年在瑞士的阿斯科纳(Ascona)举行所谓的爱诺思(Eranos)会议。[①] 其共同信念是,人不能像启蒙思想家和实证主义者那样幼稚地认为可以只靠理性来生活:如果非理性的、“野蛮的”或“原始的”的心灵能量得不到释放并且被压入潜意识,那么它们迟早会冲破表面,导致破坏性的后果。不仅个人是这样,集体也是如此,像第一次和第二次世界大战那样的灾难就是非理性没有整合到一般文化中,而是受到官方话语压制的典型案例。

67

“二战”后,爱诺思会议成了一些高层次学者和知识分子年度聚会的地方,研究犹太教卡巴拉的历史学家格肖姆·肖勒姆(Gershom Scholem)、研究伊斯兰神秘主义的学者昂利·科尔班和宗教比较学家米尔恰·伊利亚德都在其中。他们都以各自的方式强调神话、象征和灵知的重要意义,在一些关键方面,他们的工

① Hans Thomas Hakl, *Eranos: An Alternative Intellectual History of the Twentieth Century*, Equinox: Sheffield 2012.

作延续了德国浪漫主义和唯心论的进路，在特定情况下又与法国的光照论和传统主义等神秘学潮流的要素相结合。对我们来说最重要的是，爱诺思会议成了20世纪宗教主义最有影响力的代表，它将一种对附魔世界观的普遍怀旧与极力强调通过“内在”的灵性维度来逃离“历史的恐怖”（伊利亚德语）相结合。20世纪60年代，这一欧洲思想传统传到美国，其主要代表人物获得了一种作为实证主义主流的现代主义批判者的近乎偶像的地位：荣格、伊利亚德、肖勒姆和科尔班，以及约瑟夫·坎贝尔（Joseph Campbell）、詹姆斯·希尔曼（James Hillman）等爱诺思传统的美国代表，在这一时期声名鹊起。伊利亚德的所谓芝加哥学派甚至主导了美国宗教研究几十年。爱诺思奖学金不仅吸引着新一代的学者，而且赢得了大批读者，其主要作者的许多书籍已经成为经典，在一般书店很容易看到。

68

自20世纪六七十年代以来，许多学者开始对作为研究对象的“赫尔墨斯主义”传统或“隐秘”传统感兴趣，他们大都把爱诺思学派的总体进路和基本假设视为理所当然。安托万·费弗尔是其中最显著的例子，他与伊利亚德和科尔班关系密切，并且参与了20世纪70年代初的若干次爱诺思会议。我们已经看到，费弗尔对西方神秘学的著名定义是“附魔模型”的一个原型例子，而现在可以看到，他对西方神秘学的理解源于主要以德国浪漫主义为中介的宗教主义潮流。虽然费弗尔在20世纪90年代远离了宗教主义，但他的定义对过去20年里产生的以历史为导向的学术产生了极大影响。

在对从古至今的辩论和辩护所产生的一系列冲突进行追溯之

后，我们可以得出结论说：在罗马天主教和新教的背景下，圣经基督教与异教之间的冲突主导着戏剧的第一幕和第二幕。然而情况在现代发生了改变。在启蒙运动的背景下，反异教的新教论点变成了将“魔法”、“隐秘知识”或“迷信”统统扫入一个为严肃学术所不齿的非理性胡说的垃圾箱；但以德国文化为根基的浪漫主义对这种启蒙进路的回应在20世纪发展为一种极具影响的宗教主义观点，渐渐开始主导对西方神秘学的流行感受。启蒙进路和宗教主义进路都建立在最终反历史的基础之上：启蒙进路选择忽视被认为不够理性和科学的任何历史潮流和观念，而宗教主义进路则声称，神秘学涉及的其实是一个超历史的“内在”维度或灵性维度，而不是任何“外在”影响或发展。这就是本书的其余部分不会讨论这两种进路及其记忆史叙事的原因。

第四章　世界观

西方神秘学所包含的所有历史潮流均以某种方式关注世界的本性、世界与神的关系以及人在两者之间所扮演的角色等问题。严格的哲学论证可以是这些讨论的一部分，但其背后的动机主要是宗教性的，即深深地关切生命的真正意义和人在宇宙中最终的灵性归宿。当教父亚历山大里亚的克雷芒记录下异端关心的各种问题时，他是在谈论他那个时代的瓦伦廷派，但他的描述也非常适用于神秘学的其他形态。[①] 我们是谁？从哪里来（我们未生之前在哪里）？我们所置身的这个世界是什么？我们为什么会在这里？死后最终会去哪里？显然，对这些问题的回答千奇百怪——并不存在“唯一的”神秘学世界观——但都可以归入有限数量的主要进路或观点。在本章，我们将对涉及神与世界的关系、灵与物的关系以及人在那种二元性中的位置的两种思维方式做出一般区分：一方面我们会碰到“形而上学极端派”（metaphysical radicals），他们按照截然的“非此即彼”方式来思考；另一方面（在西方神秘学的语境下要更多）我们会碰到“形而上学调解派”（metaphysical mediators），他们按照“既此又彼”的方式来思考。

---

① Clement of Alexandria, *Excerpts of Theodotus* 78.

形而上学的极端主义

70

关于在思考神与世界之间的关系时是彻底选择一元论还是泛神论，美国作家塞林格(J. D. Salinger)有过一段著名的描述：

> "6岁那年，我看到万物皆神，愕然间头发直竖，"泰迪说，"我记得那是星期日。我妹妹当时还很小，正在喝牛奶，突然我看到她就是神，牛奶就是神。我是说，她正在做的完全是把神灌入神，如果你懂我的意思的话。"①

塞林格的泛神论并非基于源于西方的神秘学传统，而是反映了室利·罗摩克里希纳(Sri Ramakrishna，1836—1886)所阐释的印度不二论吠檀多哲学。它不可避免地暗示，我们生活的这个"分裂世界"最终是心灵的幻觉，只要消除那种幻觉，我们便会发现自己从未与神分离。从这种观点来看，我们根本没有"来"自任何地方，也不需要"去"任何地方：我们已经与神一体，所要做的只是认识到这个事实。这种激进的学说在20世纪70年代后的新时代圈子中变得非常流行，特别表现在一部名为《奇迹课程》(*A Course in Miracles*)的"通灵"教科书中，也表现在吉杜·克里希那穆提和迪帕克·乔普拉(Deepak Chopra)等颇具影响力的灵性导师的开示

① J. D. Salinger, 'Teddy', in Salinger, *Nine Stories*, Signet Books: New York 1954, 122—144，这里是138。

中。此外，弗里乔夫·卡普拉(Fritjof Capra)等诸多类似作者的所谓量子神秘主义也以它为基础。[①] 但如果在20世纪之前的西方神秘学著作中寻找这种极端泛神论的证据，会发现结果寥寥，或至少也是模糊不清的。泛神论以一种专业的哲学学说存在着，尤其是在斯宾诺莎那里，但我们几乎从未看到它表现为一种明确的宗教拯救学说，告诉我们要消除关于世界独立存在的幻觉。我们最多可以找到一种含蓄的(implicit)宗教泛神论的痕迹。比如在《赫尔墨斯秘文集》的《牧人者》(*Poimandres*)一章中(C. H. I. 3—8)，有远见的人被告知，他自己的心灵与神是同一的，两者最终都不过是71 神圣光明罢了，整个宇宙作为思想存在于它之中。[②] 然而，泛神论含义虽然肯定存在着，但并未得到强调或突出，以服务于某种激进的意图：最终，《赫尔墨斯秘文集》支持一种"泛在神论"(panentheist)观点(见下文)，而不是支持类似于不二论吠檀多的激进学说。

在西方神秘学中，极端的形而上学二元论要比形而上学一元论或泛神论更为显著。下面这个特别清楚的例子出自20世纪的玫瑰十字会会员扬·范·赖肯伯格(Jan van Rijckenborgh[Jan Leene的笔名]，1896—1968)和卡萨罗斯·德·彼得里(Catharose de Petri [Henriette Stok-Huyser的笔名]，1902—1990)的著作：

① Wouter J. Hanegraaff, *New Age Religion and Western Culture: Esotericism in the Mirror of Secular Thought*, SUNY Press: Albany 1998, 128—132.

② Wouter J. Hanegraaff, 'Altered States of Knowledge: The Attainment of Gnōsis in the Hermetica', *The International Journal of the Platonic Tradition* 2 (2008), 128—163，这里是139—141。

> 我们正有意作一次系统的朝圣。我们不想再次死去，不想活着，不想再在任何地方被找到。也就是说，我们不想去镜域[①](mirror-sphere)，也不想去物质领域：我们想进入辩证世界及其万事万物所谓的"永恒的无"。……我们已经……研究了辩证的自然。我们之所以能这样做，是因为我们的本性就是如此。我们以自己的自我本质能够深刻把握和品味这个世界所提供的一切。看啊，它满是悲惨和痛苦。我们已经发现这个自然是一个死亡的自然，我们不想与有福者在神的宝座前歌唱，也不想以任何方式让这个该死的宇宙变得可接受。经过多年试验，我们的结论是，这不可能是真正生命的意义，在这个死亡的自然中协作蛊惑人类不再有益。[②]

这种对世界的极端排斥态度通常被称为灵知主义二元论或摩尼教的二元论。灵知主义者感觉自己是一个被抛入了充满敌意的陌生世界的"陌生人"，他拒绝接受这个世界所基于的规则和价值。他强烈感到自己不属于这个世界，因此试图逃离：他真正的"家"在别处，在某个精神实体中，后者与这个物质、黑暗、痛苦和无知的世界完全不同。在一个充满威胁的或荒谬的世界中身为陌生人或流浪者所感受到的极大痛苦以及对"家"的深深怀恋，也许是人类境况本身的一部分；但这些感受和体验渐渐变得与西方神秘学史有

---

① "镜域"的含义不详，荷兰文原文为"spiegelsfeer"，字面意思为"mirror-sphere"，大致意思是我们在宇宙中遇到的一切事物都是我们心灵的反映。——译者

② Jan van Rijckenborgh and Catharose de Petri, *De Chinese Gnosis*, Rozekruis Pers: Haarlem 1987, 140—141.

72 关，因为人们开始提出宗教理论和神话学来解释它们，解释“什么地方出了毛病”。

回答同样差异甚大。一些人设想存在着黑暗和光明这两个始终分离的永恒世界：我们的世界是两者的不幸混合，在那里被困在我们内部的灵光一直渴望回到其原初的纯净幸福状态。另一些人则声称，起初只有一个完整和谐、光明幸福的神圣世界：我们这个黑暗与分裂的世界乃是一个偶然或错误，缘于某种原始的堕落或宇宙灾难——就像某个感染或遗传缺陷导致原本健康的组织中有了癌性生长。必须治愈这个错误或疾病，才能使整个存在恢复其原有的健康和完整状态。有人声称，这个世界是被一个邪恶或无知的神（“巨匠造物主”[demiurge]）作为灵魂的监狱而故意创造出来的，他试图让我们相信他才是真神，其恶魔助手们（“阿尔康”）力图阻止我们“觉醒”意识到自己实际是谁，从而发现我们回到神圣光明世界的道路，我们正是出自那里，并且实际属于那里。这类神话自然会表现为戏剧性的叙事：于是宇宙渐渐被设想为一个战场，光之神力正与黑暗的恶魔力量就人类灵魂的自由或囚禁进行斗争。①

无论是泛神论还是二元论，一切形式的形而上学极端主义都有一个共同点：日常世界成为一个必须以某种方式加以解决或克服的问题，因为它达不到精神完美的神圣理想。神意味着幸福，世界则充满了痛苦。神是纯净的光，世界则是黑暗。神是整全，世界

① 例如参见 Yuri Stoyanov，*The Other God：Dualist Religions from Antiquity to the Cathar Heresy*，Yale University Press：New Haven/London 2000。

则是分裂的。神意味着永恒的生命，世界则是时间和死亡的领域。神是善，世界则是有缺陷、不完美或十足的恶。神是真理，世界则充满了虚假和谬见。神是美，世界则充满了丑陋。总之：世界是问题。无论是泛神论者还是二元论者，在解决这个问题时，形而上学极端派都拒绝妥协。泛神论的解决方案在于认识到所有这些缺陷和不完美其实只是一种幻觉，就像梦或梦魇一样：一旦我们了悟真相，它们就不再能影响我们，因为都不真实。我们并未真正陷入困境，而只是自认为如此。而对于二元论者来说，至少只要我们仍然陷于其中，世界就是绝对真实的：我们的确陷入了困境，必须为此做些什么。唯一的解决方案就是对抗这个世界及其统治力量，为获得解放而斗争。

73

极端二元论的要素越强，越被正经地转变成一种全面的世界观或形而上学学说，它就越可能导致激进的行动主义以及“教派”运动与“世俗权力”之间的暴力冲突，这几乎不是偶然。这里我们也许会想起中世纪的鲍格米勒派（Bogomil）和卡特里派（Cathar）异端以及当局对他们的暴力镇压，还有像太阳圣殿教（Order of the Solar Temple）和天堂之门（Heaven's Gate）这样的极端组织，1994 年和 1997 年，其成员决定通过集体自杀/谋杀来逃离这个世界。[①] 幸而在整个西方神秘学领域，这些“精神极端主义”的案例

① Henrik Bogdan, 'Explaining the Murder-Suicides of the Order of the Solar Temple: A Survey of Hypotheses', and Benjamin E. Zeller, 'The Euphemization of Violence: The Case of Heaven's Gate', in James R. Lewis (ed.), *Violence and New Religious Movements*, Oxford University Press: Oxford/New York 2011, 133—145 and 173—189.

是罕见的例外。当然，激进化的可能性总是存在的，至少理论上是如此；但与一种不妥协的“非此即彼”的极端立场相比，我们最常看到的却是一种更为包容的“既此又彼”的态度，以此来对待神与世界的关系、精神与物质的关系以及人在这两极中扮演的角色。比要求极端地选择神或精神来对抗物质世界（无论是通过揭示物质世界是一种幻觉还是试图逃离它）更典型的是试图找到调解方案，使双方都能得到认可并被给予正当角色，尽管精神一极总被看得更高。在西方神秘学史上，我们不妨区分两种占主导地位的模型或调解范式：第一种是“柏拉图主义的”，第二种是“炼金术的”。

柏拉图主义调解

伟大的美国思想史家阿瑟·拉夫乔伊（Arthur O. Lovejoy）在一段名言中提请我们注意一个事实：由于柏拉图主义的持续影响，西方文化中更具哲学倾向的宗教形态始终要在两种逻辑上对立的对神的理解之间作痛苦的抉择：

74

> 一种神是彼岸的绝对者——自足、超越时间、日常的人类思想和经验范畴无法把握，无需较低的世界来补充或提升他自身永恒自足的完美性；另一种神则既非自足，又不在任何哲学意义上是“绝对”的：其本性就要求其他东西存在，这些东西不止一种，而是可以在现实可能性的下降梯级中找到位置的所有种类——这个神的首要属性是生成性，表现为生物的多

样性，以及时间秩序和复杂多样的自然过程。[①]

前一理解当然更符合二元论观点：它暗示，我们必须设法从这个分裂而多样的世界回到“自足的绝对者”那纯净超凡的统一性。而后一理解却恰恰相反：它暗示从神降至世界，而不是从世界回到神。神被设想为万物的“生成源”，由于整个世界彰显了神的能力和丰富的创造性，这种理解暗示了人类的一种正面的现世态度。柏拉图主义的这第二个方面引出了所谓“存在的巨链”：神作为生成源的无限创造力被认为造就了宇宙的丰富多样，从最崇高的天使灵智到最低等的动物，所有这些东西都在一个以精神和物质为两极的有序等级结构中拥有神为其指定的位置。

基督教文化中同一柏拉图主义传统所蕴含的这两种关于神的对立理解悖谬地组合起来，导致人被塑造成一个极为模糊不清的独特角色：在朝向神和朝向世界这两种对立的吸引力之间进行“调解”。乔凡尼·皮科·德拉·米兰多拉在一段名言中描述了神如何“把人当作一个本性未定的造物”，并为其指定了“一个世界中间的位置”，神对人说：75

> 我们把你放在世界的中心，在那里你更容易观察世间万物。我们使你既不属天，也不属地，既非有朽，亦非不朽，这样你就能带着选择的自由和荣耀，按照你喜欢的任何形状来塑

① Arthur O. Lovejoy, *The Great Chain of Being*: *A Study of the History of an Idea*, Harvard University Press: Cambridge, MA/London 1964, 315.

造自己，仿佛是自己的制作者和铸造者。你既能蜕变成野蛮的低级生命形态，也能根据你灵魂的判断，重生于神圣的高级生命形态。[①]

这段话留有柏拉图主义文献的深刻印记，尤其是人的灵魂作为“御者”的形象，他的车由两匹马拉着：一匹是良马，朝着纯净的神的理念引导他上升；另一匹是难以驾驭的劣马，朝着身体将他向下拖曳。[②] 人有能力向上升至天堂，甚至重生为神性存在，但又不断受身体欲望的诱惑，将其向下引到物质世界，这是柏拉图主义和赫尔墨斯主义文献中一个反复出现的主题，是从古至今的西方神秘学思辨最基本的“深层结构”之一。它既可以激励皮科对“人的尊严”进行英雄性的赞扬，但也可以变得更具更讽刺意味，比如亚历山大·蒲柏（Alexander Pope）在《人论》（*Essay on Man*，1734）中说：

他愚昧的聪明，拙劣的伟大。
位于中间状态的狭窄地岬。
他要怀疑一切，可是又知识过多。
他要坚毅奋发，可是又意志薄弱。
他悬持中间，出处行藏，犹豫不定，

① Giovanni Pico della Mirandola, 'On the Dignity of Man', in Ernst Cassirer, Paul Oskar Kristeller and John Herman Randall, *The Renaissance Philosophy of Man*, University of Chicago Press: Chicago/London 1948, 225.

② Plato, *Phaedrus* 246a—257b.

犹豫不定，是自视为神灵，还是畜生。
犹豫不定，是要灵魂，还是要肉体，
生来要死，依靠理性反而错误不已。
想得过多，想得过少，结果相同，
思想的道理都是同样的愚昧荒懵。
思想和感情，一切都庞杂混乱，
他仍放纵滥用，或先放纵而后收敛。
他生就的半要升天，半要入地。
既是万物之主，又受万物奴役，
他是真理的唯一裁判，又不断错误迷离。
他是世上的荣耀、世上的笑柄、世上的谜。[①]

76

大体说来，如果允许有一些例外和限定，那么可以说，对世界的否定以及神作为"自足的绝对者"的苦行含义在基督教柏拉图主义的早期阶段要更为显著，而强调神作为"生成源"的对世界的肯定在后来的时期则逐渐变得更加突出。这是西方文化中从主要关注来世的宗教拯救转向越来越通过理性和科学进步来"征服世界"的总体趋势的一部分。结果，柏拉图主义来世的苦行含义对于现当代人来说已经变得逐渐陌生：当代神秘学家也许是柏拉图主义框架的继承者，但很少有兴趣作身体苦行或者为了与神合一而弃绝性欲。

但人的"中间位置"不仅意味着他可以选择上行或下行，远离

① Alexander Pope, *An Essay on Man* Ⅰ. 3—18.

世界而与神合一,或者远离神而沉溺于世间快乐。它也意味着,在追求一种灵性净化理想的同时,他可以尝试得到多种效力或"馈赠"(被认为从不竭的神力之源中流溢出来)的帮助。换言之,"调解"可以意味着在灵魂朝着神的上行与朝着世界的下行之间尝试找到某种平衡。这一点显见于马尔西利奥·菲奇诺关于"如何使人的生活与天体和谐一致"的著作。[①] 根据不断变化的星象,人生中每时每刻都要受到来自星辰的影响。如果我们知道如何引导,便可利用这些"馈赠"为自己服务。但批评者很快就指出了事情的另一面:通过同样的步骤是否也可以吸引邪恶的或恶魔的影响?果真有可能对两者进行区分吗?

如果说超越世界、与绝对者合一的尝试通常被称为"神秘主义",那么这种将上界的力量引下来的补充尝试往往被称为星辰"魔法"。赫尔墨斯主义著作《阿斯克勒庇俄斯》是一部经典文献,其中描述了古埃及人如何学会将天使和恶魔的力量引入他们的庙宇雕像,使之获得行善或作恶的能力。[②] 圣奥古斯丁曾把这类活动斥为异教的偶像崇拜,但将赫尔墨斯尊为古代圣贤的文艺复兴时期的作者们却没有那么肯定。神学家托马斯·阿奎纳等权威人士对"驱邪物"(talismans)与"护身符"(amulets,像赫尔墨斯雕像那样的物体,可以充当容器来接收从上界引导下来的精神力量)作了复杂的区分:"驱邪物"刻有语言符号,这只能解释为试图与恶魔

77

① Marsilio Ficino, 'The Vita Coelitus Comparanda', in Ficino, *Three Books on Life* (Carol V. Kaske and John R. Clark, eds), Medieval & Renaissance Texts & Studies: Binghamton, New York 1989, 236—393.

② *Asclepius* 23—24/37—38.

沟通，但"护身符"是可以接受的，因为它们是通过纯粹的自然原因起作用。[①] 通过说服自己并试图说服读者相信，来自星辰的力量属于"护身符"，菲奇诺可将星辰魔法正当地用于身心治疗等善良目的。

柏拉图主义调解的世界观以更高的力量或效力的"魔法"下降和灵魂朝着神的"神秘"上升为前提，这种整体论框架也许在海因里希·科尔奈利乌斯·阿格里帕的经典著作《论隐秘哲学》(1533)中得到了最完整的表达。《论隐秘哲学》从宇宙等级结构的底部移到顶部，讨论了关于元素界、天界和天界以外的力量的所有传统(古典和中世纪)认识，并且指出，通过努力与神的心智合一，人最终可能会渐渐分有神本身的无限创造力。因此，这里的想法并不是人的有限理智融入或在神的无限光明中消泯，而是一种神化状态，人藉此重新获得了亚当在堕落之前被认为拥有的神一般的力量。[②] 虽然背景纯粹是基督教的，但在现代隐秘学和"新时代"表述中，其核心思想最终会被普及化和心理化为"自我实现"或发现一个人的"真我"等：这种理想并不意味着被动地屈从于神或者毁灭个性，而是全部的"人之潜能"被赋予精神力量和得到展开。就这样，文艺复兴时期的"魔法师"成了"完全实现的人"，被设想处于 78

① Nicolas Weill-Parot, 'Astral Magic and Intellectual Changes (Twelfth-Fifteenth Centuries): "Astrological Images" and the Concept of "Addressative" Magic', in Jan N. Bremmer and Jan R. Veenstra (eds), *The Metamorphosis of Magic from Late Antiquity to the Early Modern Period*, Peeters: Louvain/Paris/Dudley 2002, 167—187.

② Wouter J. Hanegraaff, 'Better than Magic: Cornelius Agrippa and Lazzarellian Hermetism', *Magic, Ritual & Witchcraft* 4:1 (2009), 1—25.

“宇宙的中心”，能够“创造自己的现实”。即使在往往直接或间接受到神秘学传统启发的当代大众文化中，从小说和漫画到视频游戏，这个核心的神化观念和获得精神的“超能力”已成为一大主题。

阿格里帕的柏拉图主义世界观仍然基于传统的托勒密宇宙：被置于“宇宙中心”的人既可以向下凝视物质，又可以上达神。但我们已经看到(第二章)，哥白尼革命使这样一种“竖直”视角变得站不住脚。我们在乔尔达诺·布鲁诺那里第一次看到(在后来一系列思想家那里愈发能看到)，不再能设想神高居于“星星之上”的某处。在一个无限宇宙中，无限的神不再能处于任何空间位置，而是必须无处不在，如同一种看不见的力量遍及整个实在——有点像赋予整个身体以生气的生命力。用来表述这种观点的一个方便的术语是“泛在神论”(panentheism)：神在世界中无处不在，世界在某种意义上包含于神之中。古代的赫尔墨斯主义文献已经表述了某种非常相似的东西，它所暗示的“宇宙宗教性”与美国超验主义及其许多后续运动乐观的浪漫主义非常合拍：

> 想象神把一切东西——宇宙、他自己——像思想一样包含在他自身之中。因此，除非你使你自己变得等于神，你就无法理解神：只有相似者才能理解相似者。使你自己成长到无法估量的尺寸，远离所有物体，超越所有时间，成为永恒，你就会理解神。假定你无所不能，设想自己是不朽的，能够理解一切：一切技艺，一切学问，任何生命的本质。高到最高，低到最低。在你自身之内集合起对火与水、干与湿等受造物的所有感觉。设想你同时处于所有位置：地上，海里，天上，尚未出生，

> 子宫里,年轻,年老,死亡,超越死亡。当你理解了时间、位置、事物、性质、数量等所有这一切,你就能理解神。……当你走上这条道路,你会在最不经意的时间和地点碰到和经验到善:当你醒着,睡着,坐船或走路,晚上或白天,说话或沉默。因为万物皆是它。那么,你是说神不可见吗?当心——谁会比神更可见?他之所以创造万物,是因为经由万物,你可以看到他。[①]

79

尤其是自20世纪60年代以来,相信宇宙的美和善以及人类有能力把宇宙看成神的活的身体,可以替代关于苦行来世、堕落和罪的传统基督教观念以及主导思想数十年的存在主义绝望和悲观,[②]对这些内容的表达显然很符合新兴的环境主义伦理以及强调"人之潜能"的无限可能性的各种灵性学说。例如,我们也许会想起那个名称与加利福尼亚著名的伊莎兰学院(Esalen)相联系的运动,[③]或者会想起简·罗伯茨(Jane Roberts)和她极具影响的《塞思书》(*Seth Books*)。[④] 在这些背景下,人的意识渐渐被视为灵性演化的先导,我们将会看到,这一观念在西方神秘学思辨中也有深刻的历史背景。

---

① C. H. Ⅺ:20—22.

② 例如 Benjamin Lazier, *God Interrupted: Heresy and the European Imagination between the World Wars*, Princeton University Press: Princeton 2008。

③ Jeffrey J. Kripal, *Esalen: America and the Religion of No Religion*, University of Chicago Press: Chicago/London 2007.

④ Wouter J. Hanegraaff, 'Roberts, Dorothy Jane', in Wouter J. Hanegraaff (ed.), in collaboration with Antoine Faivre, Roelof van den Broek & Jean-Pierre Brach, *Dictionary of Gnosis and Western Esotericism*, Brill: Leiden/Boston 2005, 997—1000.

炼金术调解

柏拉图主义模型以本质上空间的方式来构想宇宙：宇宙作为一条“存在的巨链”铺展在精神与物质两极之间，人位于其间某处并分有两者。它预设了一种普遍和谐与等级秩序的观念，所有力量和权威都永远属于神在上界的合一原则，从那里经由所有较低等级的存在被逐步向下引导。在文艺复兴时期，这种强有力的范式在意大利文化中占据着核心地位，它显然符合罗马教会所提出的普世“公教”概念以及尊奉教权神授的阶层组织。然而，宗教改革永远打碎了这种完整而统一的和谐形象，新教革命者需要不同的模型来理解自己的经验。伟大的教会史家费迪南德·克里斯蒂安·鲍尔(Ferdinand Christian Baur)在19世纪中叶非常清晰地表述了这种新的感受：

80

> 如果对天主教来说，没有一种历史运动能使教会变得本质上不同于其原初样貌，如果在教会的整个发展中，他只是看到其内在真理渐渐得到实现和普遍认可，那么与此相反，从新教的观点看，当前的教会被一条宽阔的深渊与其原初样貌分开，这两个时间点之间必定有一系列无可计量的变化。[1]

① Ferdinand Christian Baur, *Die Epochen der kirchlichen Geschichtsschreibung* (1852), Georg Olms: Hildesheim 1962, 40.

换言之，新教革命暗示了一种新的历史意识。它所要求的并不是一个关于永恒不变的和谐与美的空间模型——符合“长青哲学”观念——而是一种以时间性和不可逆的变化为基础的线性观点，能够解释宗教改革家所卷入的前所未有的斗争。许多路德派和唯灵论教派似乎在炼金术的嬗变叙事中发现了这样一个模型，后者引出了一种极为不同的新范式，它以宗教改革的德语区心脏地带为其地理中心。这两种范式之间的关系大致可以总结如下：

“柏拉图主义”范式	“炼金术”范式
空间的	线性的
静态的(和谐)	动态的(过程)
从形而上学到自然	从自然到形而上学
堕落：从光明到黑暗	诞生：从黑暗到光明
传统权威	个人经验

81

根据这种从新教观点阐释的炼金术模型，神并未把人置于“宇宙的中心”，从那里可以在精神与物质、神与世界之间自由做出选择，而是置于一个结果不确定的线性过程或追求的开端。人的处境是不稳固的：作为诞生在一个堕落世界中的堕落造物，对他来说一切都始于一个充满不足与罪的黑暗之地。用炼金术的术语来说，这是“黑化”(*nigredo*)，即初始的黑暗阶段，伟大的工作就从这里开始。与支配柏拉图主义范式的逻辑相反，从这种状态中获得拯救不可能是去“回忆”一个人的神圣起源，逃离身体以觅得回到其精神家园的道路：与这种关于灵魂的异化和回归的循环叙事形成鲜明对比的是,必须与灵魂一起转化和重生的是身体本身。

因此,人并非始于一个“伟大的奇迹”,[1]也就是说,并非始于一个介乎物质与精神之间的已经半神圣的存在。起初他只是一个完全依赖于神的恩典的自然造物,必须以某种方式把自己变成媒介来达到更高状态。我们不妨通过一个比喻来澄清其中的差异:根据柏拉图主义模型,我们可以设想他站在一座桥的中间,只需选择向左转向身体,还是向右转向精神;而在更符合新教精神的炼金术模型中,并没有什么桥可以开始,对于人来说,甚至连拯救状态也还不存在,他必须在自己的身体中并且通过这个身体来获得拯救状态。他站在一个黑暗的深渊面前,只能向前走。他必须尝试逐步建一座桥通向对岸,在此过程中总有半途桥梁垮塌跌入深渊的危险。我们看到,这种精神实现模型有可能成就一部极富存在主义色彩的戏剧,而这正是柏拉图主义宇宙那个远为静态、和谐和让人安心的模型所缺乏的。若无神的帮助,未得重生者几乎不可能成功:他只能祈求神的恩典使其桥梁不垮,基督则从对岸抵达他而使其大功告成。他不能凭借自己已有的任何力量或智慧获得重生,而只能希望基督能作为神圣光明奇迹般地诞生于他黑暗的内心之中。

82 柏拉图主义模型是演绎的:它从整体开始,进而向下通过存在的巨链为每一个事物指定其固有位置;而炼金术模型是归纳的:它从最具体可触的自然事物开始向上走。这种叙事逻辑已经在帕拉

① Giovanni Pico della Mirandola, ‘On the Dignity of Man’, 223 (referring to Asclepius 6).

塞尔苏斯的工作中清晰地表现出来。他不盲目依赖于古人的权威，而是坚持先从经验和实验上来研究自然和我们自己的身体构成。他虽然从未成为新教徒，但被称为“医学的路德”并非没有道理：他用德语而不是用拉丁语写作，因而受众比纯粹的知识精英广得多，他强调个人有责任自行思考，找到自己的拯救之路。也许最重要的是，在他看来，拯救和治疗是一体两面。人容易生病是因为人天生堕落（帕拉塞尔苏斯发明了“cagastrum”一词来表示“堕落”），因此获得健康最终意味着精神和身体朝着一种净化状态获得重生。治疗意味着最终将堕落过程逆转。

在帕拉塞尔苏斯主义概念的强烈影响下，拯救的炼金术模型在雅各布·波墨的体系中得到了全面发展，由此成为直到 19 世纪的基督教神智学传统的核心。我们在第二章看到，波墨描述了神如何从神秘的“无底”中诞生以及他的身体如何从初始的愤怒和黑暗状态朝着爱与光明的救赎状态发展：从一个充满痛苦与争斗的可怕的“地狱”世界（与圣父相联系）变成一个被称为“永恒自然”的和谐光明世界（与圣子相联系）。光明生于黑暗，爱生于愤怒，圣子生于圣父。所有这一切都以炼金术的嬗变叙事为模本，包括频繁提到性和身体过程（“受精”、“[重]生”、“诞生”等）。[①] 人类和整个自然界——神的堕落身体——的救赎遵循同样的模式：基督是作为拯救人类的“世上的光”而诞生的，同样，他也必须诞生于我们黑

① 试比较 Lawrence M. Principe, ‘Revealing Analogies: The Descriptive and Deceptive Roles of Sexuality and Gender in Latin Alchemy’, in Wouter J. Hanegraaff and Jeffrey J. Kripal (eds), *Hidden Intercourse: Eros and Sexuality in the History of Western Esotericism*, Fordham University Press: New York 2011, 209—229。

暗的内心。所期目标不是逃离身体，而是将身体转化为一种由更83高的光明物质所组成的微妙媒介，在死后也能幸存：正如弗里德里希·克里斯托弗·厄廷格在18世纪所说，“肉身性是神之作品的目的”（Leiblichkeit ist das Ende der Werke Gottes）。[①]

以上内容应当足以表明，柏拉图主义叙事和炼金术叙事各有其自身的内在逻辑，分别更符合天主教和新教的感受，但这并不意味着它们在实践中一直被严格分开。恰恰相反，16、17世纪的“隐秘哲学”中满是创造性的尝试，要将柏拉图主义理论和炼金术理论或它们的要素纳入综合性的框架，拒斥或忽视关于宗教、哲学和科学的传统划界。西方神秘学中一直有一种提出“万有理论”的强烈倾向，要将从物质到神的整个实在囊括在内，对于思辨性的头脑来说，没有什么能比力图把握存在的统一与和谐及其在时间中的发展过程更诱人了。在这些努力的历史中，德国唯心论及其对19世纪进化论思想的影响是最重要、最有趣也最难以捉摸的章节之一。一些学者把从波墨到厄廷格的炼金术—神智学传统乃至整个“赫尔墨斯主义传统”看成理解谢林、黑格尔等哲学家的一把关键钥匙，[②]另一些人则否认这种影响的意义。事实上，在这件事情上我们还远未达成任何学术上的共识。这种研究上的不足说明需要一

---

① Friedrich Christoph Oetinger, *Biblisches und emblematisches Wöterbuch* (Gerhard Schäfer, ed.), vol. Ⅰ, Walter de Gruyter: Berlin/New York 1999, 223.

② 例如 Ferdinand Christian Baur, *Die christliche Gnosis oder die christliche Religions-Philosophie in ihrer geschichtlichen Entwiklung*, C. F. Osiander: Tübingen 1835; Ernst Benz, *Schellings theologische Geistesahnen*, Franz Steiner: Wiesbaden 1955; Glenn Alexander Magee, *Hegel and the Hermetic Tradition*, Cornell University Press: Ithaca/London 2001。

种激进的跨学科视角，它首先要认识到，无论是隐秘哲学的拥护者，还是浪漫派和唯心论哲学家，都不会接受现代学术强加给他们的学科约束：他们都认为自己的思辨世界观与哲学、宗教、科学和艺术同样相关，他们对这些领域的利用要比其当代阐释者所认为的自由得多。

从历史的观点看，浪漫主义进化论在何种程度上得益于炼金术模型的过程动力学，这是一个尚未解决的问题。但浪漫主义和唯心论的叙事无疑影响了19世纪以来神秘学的发展。[①] 众所周知，进化论在这一时期作为一种占主导地位的新范式出现了。它 84 不仅改变了生物学、地质学、文化史或宗教研究等现有学科，而且与心理学这门全新学科的出现密切相关。浪漫主义和唯心论的叙事仍然得益于基督教神学模型——在某种意义上，黑格尔所说的那个通过历史而自我实现的绝对精神必定是神的精神——但它们很容易被心理学化，变成关于人类精神或人类意识本身之演化的叙事。[②] 瑞士医生约瑟夫·安内莫泽和他在浪漫主义和唯心论基础上撰写的《魔法史》(*History of Magic*，1844)便是一个典型例子，它将成为布拉瓦茨基、荣格等诸多重要神秘学作者的一部至关重要但在很大程度上未受承认的参考资料。[③] 唯心论哲学即其历史叙事对现代西方流行的宗教观与灵性观的真正影响仍然往往被学者所低估。

---

① Hanegraaff, *New Age Religion*, 462—482.

② Hanegraaff, *New Age Religion*, 482—513.

③ Wouter J. Hanegraaff, *Esotericism and the Academy: Rejected Knowledge in Western Culture*, Cambridge University Press: Cambridge 2012, 266—277.

对我们而言，在这篇简短的概述中，最重要的例子是荣格心理学及其在德国浪漫主义催眠术中的历史背景。荣格在部分程度上利用灵知主义模型，将心灵自我认知的目标称为"内在太阳"（人类心灵的内在光明，藉此可以通达一种神秘的、超个人的精神实在）。但他最具威力的模型来源于从一种深受德国浪漫主义和唯心论哲学影响的视角来理解的炼金术，包括它在基督教神智学和虔敬派文化中的背景。[①] 事实表明，关于嬗变的基本炼金术叙事——从原初质料变成黄金或从黑暗走向光明的艰苦斗争，各个阶段都伴随着神圣的象征意象——非常适合用来描述"个体化"的心理过程，"个体化"被理解为一种艰苦的自我发现过程，在此过程中，人面对着从潜意识中出现的象征意象。这里，起初的"黑暗"状态不再像在原有的新教模型中那样被视为一种罪的状态，而是被看成一种灵性无知和不成熟的状态。然而，即使在这个心理学化的神智学拯救版本中，最终目标（正如我们在上一节所看到的）仍然只能被描述为神化。

85 需要重复指出的是，极端的泛神论、极端的二元论、柏拉图主义调解和炼金术调解很少以纯粹或完全的形式出现。它们在这里都是被用作解释工具的结构模型或理想类型，可以给复杂的思想史带来某种秩序，但不应误认为它们直接描述了我们在特定的历史文献中看到的东西。尽管（或者说因为）它们的内在逻辑有所不同，甚至相互矛盾，但已经有无数人要尝试作出某种综合，特别是

---

① Wouter J. Hanegraaff, *Esotericism and the Academy: Rejected Knowledge in Western Culture*, Cambridge University Press: Cambridge 2012, 277—295.

这样一些作者，他们希望相信传承至今的各种传统必定在本质上是同一的。不难想象，这些尝试中没有一个是完全成功的。研究神秘学的学者最好不要把时间浪费在试图让人相信存在着一种被称为“神秘学世界观”的人工怪物。这样的东西并不存在。相反，我们的目标应当是理解特定的作者或历史潮流如何尝试（无论是否令人信服）表述全面的世界观来帮助他们找到本章开篇所述问题的基本答案。

第五章　知识

关于世界、精神实在或神圣实在的真正本性、生命的意义以及死后的归宿，我们如何来寻求答案呢？应当只相信教会、神学家、圣经等传统权威就这些问题发表的看法吗？我们难道不应尝试用自己的感官证据和理性证据去查明真相吗？或者说，在回答最为深刻和根本的关于存在奥秘的问题时，这些传统认知方式够用吗？如果不够，还有其他方式吗？

本书所讨论的作者和潮流往往会提出这样的质疑，并且通常会做出正面回答。有时有人提出，“要求更高的知识或完美的知识”是神秘学论说的关键特征，[①]但说得更准确一些：其代表人物追求这样的知识。他们通常相信，无中介、超理性和拯救性地直接契入实在的最高灵性层次至少原则上是可能的。有时某人会自豪地声称已经拥有了更高的或完美的知识，但更多的时候，这种知识会被当作一种承诺，上一章讨论的基本世界观旨在为发现关于存在的终极真理提供理论上的合法性。根据关于流溢和复归的柏拉图主义学说及其灵知主义的衍生学说，灵魂起源于一个神圣的永

---

① Kocku von Stuckrad, *Locations of Knowledge in Medieval and Early Modern Europe: Esoteric Discourse and Western Identities*, Brill: Leiden/Boston 2010, 60—61.

恒存在，并且能够再次回到它。这意味着人天生就具有认识神的能力：我们不依赖于神向我们显示自身（就像在经典的一神论论述中那样，造物依赖于造物主主动采取的行动），认识能力也不局限于身体感官和自然原因（就像在科学和理性哲学中那样），我们灵魂的本性就能使我们直接契入那个最高的永恒存在。根据替代性的炼金术模型，获得最高的知识与其说是"回忆"我们神圣的起源（暗示一种堕落和复归的循环模式），不如说是我们必须通过自己的努力在自身之内发展出来的一种潜在能力或潜能：这是人追求的最终目标（*telos*）。

87

但如果以为西方神秘学只关心关于灵魂及其灵性拯救的更高或绝对的知识，而不关心更为传统的知识目标或认知模式，那将是一个错误。事实上，西方神秘学的许多代表人物不仅深深地涉足圣经神学或教义神学的传统形态，而且积极致力于哲学和科学。在神秘学看来，这些传统进路并非必然被拒斥——尽管有时是如此——而是被认为不完整：它们只能把我们引到有限的距离，或者说，必须辅以更激进的方式来获得知识。让我们先来考察一下西方神秘学中不同类型的问题以及回答问题的不同方式之间复杂的互动。

理性、信仰和灵知

在现当代社会，我们非常熟悉关于科学探索、学术研究和理性认识的知识声明。为了寻求问题的答案，我们依赖于今天被技术发明大大拓展的感官证据，使我们能够研究从无限小到无限大的整个物理实在。人文社会科学也会用复杂的仪器来研究文献和收集数据。我们依靠理性论证和合理推测来评价或解释我们的发现,提出理论和假说来指导进一步的研究,并且经常使用非常技术化的语言,以高度的精确性来讨论极为复杂的数据;事实上,甚至连理性本身的局限性也可以成为理性论说的对象,比如追求客观确定性的过程中如何渗透了我们的主观偏见。试图通过经验证据和理性论证来理解我们周围的现实,这项雄心勃勃的事业在传统上被称为哲学和科学(或者在人文科学中被称为学术研究)。如果有人声称知道某种东西,并希望在这些语境下被认真对待,那么至少必须满足两个基本条件:必须通过理性的语言来交流他自称知道的东西,以使别人能够理解;别人必须能对它进行检验,评价它的对错,或至少是论证能否经得起逻辑推敲。除非这两个条件得到满足,否则我们就不会有哲学、科学和研究。接下来,我们将用“理性”一词来表示第一种知识进路。

然而,虽然一些知识声明可以通过理性语言来交流,但其真假却无法独立检验。例如,传统基督教声称知道神是圣父、圣子和圣灵的三位一体,圣子化身为耶稣基督。博学多才的神学家们已经用精确的理性语言表述了这些信念,任何有兴趣的人都能对其进行研究,理解“神子降生为人”的意思对我们来说并不是问题。但如何判定这些陈述是真是假,可信还是不可信呢?神学家们想出了种种复杂的论证,但事实是,我们根本没有独立的程序去查明像神这样的实体究竟是否存在,更不用说神是否是三位一体以及有一个道成肉身的儿子。这些都是必须在权威和传统的基础上接受、无法以任何方式独立检验的信念陈述。因此,它们不能在“理性”领域中被接受。显然，这个基督教神学的例子可以外推到其他许多语境：要点在于选择相信某些被传承下来的主张，从而把它们当作有效的知识来接受，而没有坚持作独立的验证（请记住，我们大多数人之所以接受科学主张，并非因为已经检验过它们，而是因为我们选择相信科学家知道自己在做什么）。接下来，我们将用“信仰”一词来表示第二种知识进路。

最后，有些知识声明甚至更进了一步：和前一类别一样，它们不能被独立检验，但据说也不能通过理性语言来交流！然而，它们被认为确信无疑，且高于任何其他类型的知识。这第三种类型在西方神秘学史上至关重要，我们将称之为“灵知”。总之，我们最后得到了下面这样的东西：

	可交流	可检验
理性	＋	＋
信仰	＋	—
灵知	—	—

下面我们会更详细地讨论如何来理解不可交流和不可检验的知识声明。但在集中讨论西方神秘学的这一核心要素之前，我们先来看看两个可选项。

正如本章导言中所指出的，西方神秘学并不必然拒斥“理性”和“信仰”以及它们寻求答案和发现真理的典型步骤：其代表人物通常会说，这些进路有其自身的局限性，只有“灵知”型知识才能把我们引至真理本身。《赫尔墨斯秘文集》中有一段典型表述，称“灵觉”（*nous*）是人获得灵知的官能。这段话用专业语言解释了它与 90

理性话语(*logos*)和信仰(*pistis*)的关系:

> 如果你留心[ennoounti],阿斯克勒庇俄斯,这些事物对你会显得真实,但如果你不留心[agnoounti],它们会显得难以置信[apista]。理解[noesai]就是有信仰[pisteusai],没有信仰[apistesai]就是不理解[me noesai]。理性话语[logos]无法达于真理,但灵觉[nous]是强大的,当它被理性[logos]引导时,就有办法达于真理。[①]

这里我们读到的是,要想获得真正的理解,就必须有信仰,并且充分利用一个人的理性能力;但最后一步是灵觉迈出的,它把我们引到一个超越理性的层次。赫尔墨斯主义著作不断强调,若想获得灵知,首先必须精通与理性哲学和自然哲学有关的"一般话语"(*genikoi logoi*)。

至少到18世纪,被认为属于"西方神秘学"的所有文本中都可以清楚地看到这条基本原则。菲奇诺、皮科、阿格里帕或布鲁诺(此清单可以无限列下去)等文艺复兴时期的学者都极为博学,他们研究和通晓传统西方哲学的所有著作:不仅是柏拉图主义者和像亚略巴古的丢尼修这样的"神秘主义"作者,还有亚里士多德主义者和经院学者,以及其他许多人。像约翰·迪伊、罗伯特·弗拉

---

① C. H. IX:10,并参见 commentary in Wouter J. Hanegraaff, 'Altered States of Knowledge: The Attainment of Gnōsis in the Hermetica', *The International Journal of the Platonic Tradition* 2 (2008), 128—163,这里是134和脚注16—17。

德、海因里希·昆拉特(Heinrich Khunrath)或斯威登堡这样的作者(同样,这只是随机选择)深入研究了当时的化学、生物学或物理学等自然科学,这种科学研究对于理解其作品中的"神秘学"维度是至关重要的:例如,作为《圣经》诠释者的斯威登堡在幻想时期并没有抛弃笛卡尔主义哲学和自然科学,而是在这些理性主义基础上建立起他的宗教世界观或灵性世界观。[①] 与此同时,至少到18世纪,几乎所有与西方神秘学相联系的作者都是深信《圣经》启示真理的基督徒。阿格里帕甚至特地强调,对耶稣基督的信仰绝对高于通过人类技艺和科学所获得的任何知识。[②] 对他们而言,声称——在当代流行神秘学的语境下非常自然——通过获得终极知识或灵知,人可以背离基督教信仰,听起来就像危险的胡言乱语。同样,他们也不认为自己是反对科学和理性研究,而是认为必须通过最终超越人类理性本身、被认为更符合超验的神圣存在的进路对这些重要而必需的知识途径加以扩展和补充。

91

在这方面,启蒙运动同样改变了游戏规则。18世纪以后,神秘学作者往往更加强调其"更高的知识"是对传统基督教和主流科学主张的更高替代,而不只是建基于它们的一个额外层次。例如,布拉瓦茨基夫人的《揭开面纱的伊西斯》猛烈抨击了现有"科学"(第一卷)和"宗教"(第二卷),声称神智学这门"隐秘科学"自太古

---

① Friedemann Stengel, *Erleuchtung bis zum Himmel: Emanuel Swedenborg im Kontext der Theologie und Philosophie des 18. Jahrhunderts*, Mohr Siebeck: Tübingen 2011.

② Marc van der Poel, *Cornelius Agrippa: The Humanist Theologian and his Declamations*, Brill: Leiden/New York/Cologne 1997.

以来就存在着,是对实证主义世界观和她那个时代传统基督教的卓越替代。如果说其他许多隐秘学家仍然把自己的世界观呈现为基督教的(例如从安娜·金斯福德[Anna Kingsford]、安妮·贝赞特或查尔斯·韦伯斯特·利德比特到爱丽斯·贝利或鲁道夫·施泰纳的神智学家),那么他们通常会有自己对基督教的神秘学理解:这被认为基于直接的灵性洞见或灵知,在他们看来不应与教会和神学家们纯粹"公开的"信念相混淆。在当代"新时代"的背景下,我们仍然可以看到相同的模式,特别是这样一些人,他们受基督教教育长大成人,不想完全背离它,但感觉教会已经与真正的启示失去联系,遂提出他样的灵性形式来更好地理解基督教的启示,比如通过诉诸灵知派福音书(同时贬低极端的二元论和对身体与性的禁欲拒斥等不方便的方面)。在这种语境下,直接灵性真知的重要性明显得到凸显;但与启蒙运动之前的情况相反,传统的基督教教条往往很少会留下来,可以想见,这必定会招致专业神学家和教会人士的负面反应。对基督教的神秘学理解并非被看成建基于现有神学结构的一个额外层次,而是被看成它的替代品。

92

就科学而言,情况是类似的,但稍有不同。虽然传统基督教也许会被许多当代神秘学读者看成过时的、执着于过去的教条,漠视了当代的精神关切,但生活在现代社会中的任何人都不可能怀疑自然科学一直在突飞猛进,所以科学的威望和权威即使在追求灵知的人那里也依然很高。(这与人文科学中的学术研究形成了鲜明对照,后者似乎没有任何影响!)现当代神秘学中有相当程度的共识,认为科学与灵性——而不是大多具有负面含义的宗教——有必要"结合成"某种更高的统一性。他们反复强调,建立在笛卡尔主义和牛顿主义基础上的旧实证主义世界观是僵死和过时的，而相对论、量子力学或弦理论等激进的前卫理论（事实上任何有吸引力的新科学进路）则不仅与对灵性实在的信念完全相容，甚至可能为之提供科学基础。这种科学/灵性平行论的一个经典例子是卡普拉的《物理学之道》（*The Tao of Physics*，1975），此后关于类似主题的流行书籍层出不穷。所有这些都与实际的硬科学没有什么关系，但与普遍感到需要某种新的"自然哲学"来弥合"物质与意义"之间的鸿沟有很大关系。[①]

总之，一般模式是，启蒙运动之前的神秘学认为灵知属于最高层次的真理，同时又尊重信仰和理性，认为它们不仅是正当的，而且是整个知识结构的必要组成部分。而在启蒙运动之后的神秘学中，那种知识结构似乎已经瓦解。神秘学从现有宗教科学文化中的一个固有维度变成了一种反主流文化，灵知往往被当作一种"灵性"选择，以反对误导的信仰声明（被认为盲目相信权威和传统）和理性声明（被认为是思想保守的理性主义和还原论）。这并不意味着当代神秘学的代表人物自视为非理性主义者：恰恰相反，他们通常会主张，接受精神实体的证据要比否认或忽视它理性得多，因此只要科学家们学会放弃自己糟糕的还原论习惯，灵知和理性完全有可能在更高的综合中得到统一。而在涉及灵知与信仰的关系时，这种未来的统一既不被期待也不被希求：未经质疑地相信传统或权威根本不被认可。这种安排非常有讽刺性，因为事实上，当代

93

① Wouter J. Hanegraaff, *New Age Religion and Western Culture: Esotericism in the Mirror of Secular Thought*, SUNY Press: Albany 1998, 62—76, 113—181.

神秘学家往往会和传统基督徒一样虔诚地相信自己的传统和权威(例如从精神实体"引导"出来的神启经文)。信仰在今天的神秘学团体中绝非阙如,反倒几乎普遍占据主导地位,而坚持诉诸理性——在前面定义的精确意义上!——其实相当罕见。诸如备受珍视的神秘学信条的历史基础或文本基础这样的关键问题(它们来自哪里?这些来源可信吗?)很少被认可,提出这类质疑往往会被斥为灵性浅薄或不够觉悟的标志。必须承认,这种抗拒基于一个正确的直觉:和传统基督教等其他宗教背景的情况类似,对于神秘学信念,历史批判要比其他任何东西甚至是自然科学研究更具潜在的破坏性。[①]

因此,理性即使在实践中被拒斥或剥夺了特权,也可以在理论上得到称赞。与之相反,信仰虽然在实践中被欣然接受,但理论上却很可能遭到拒斥。然而,无论在理论层面还是在实践层面,在启蒙运动之前还是之后,灵知肯定是一切神秘学的重点。那么,这种获得知识的神秘的"第三条进路"是什么意思呢?

94

意识的改变

灵知的话题使我们面临一个奇特的研究空白:虽然有无数学者曾试图回答"什么是灵知主义?"这个问题,却极少有人尝试认真回答"什么是灵知?"。关于古代晚期灵知主义和赫尔墨斯主义的神话、理论内容、文化背景、历史来源和影响,现有的学术研究可以

① 参见第七章,p. 120。

说汗牛充栋;然而关于这些宗教环境核心处的拯救性知识的本性,甚至连该领域的资深专家也鲜有论述。[①] 学术界的这种沉默似乎直接源于对灵知概念而言至关重要的不可交流性。灵知主义者和赫尔墨斯主义者宣称,他们无法用清晰明了的语言讲述其所见和发现,这似乎使大多数历史学家没有勇气说出更多的东西。

这很不幸,因为事实上有许多东西可以说。古代晚期的基础文献中对灵知的提及至少可以说是令人困惑的:尤其是关于被视为最高层次的绝对知识,我们通常会看到一些结结巴巴的表述来表达关于惊奇和敬畏的一系列生动的灵性体验,据说它们无法诉诸言语,而只能通过非常不充分的类比来暗示。以下对话发生在赫尔墨斯与他的学生之间,出自《第八和第九论说》(*The Ogdoad and the Ennead*):

> 我看到了,是的,我看到了无法言表的深度。……我还看到了一个心灵在推动灵魂。在一阵神圣的狂喜中,我看到他在推动我。你给予我力量。我看到了我自己!我想说话!恐惧使我退缩!我已经发现了至高力量的开端,而他自身并没

① Garth Fowden, *The Egyptian Hermes: A Historical Approach to the Late Pagan Mind*, Princeton University Press: Princeton 1986, 105—114; Antoine Faivre, 'Le terme et la notion de "gnose" dans les courants ésotériques occidentaux modernes (essai de périodisation)', in Jean-Pierre Mahé, Paul-Hubert Poirier and Madeleine Scopello (eds), *Les Textes de Nag Hammadi: Histoire des religions et approches contemporaines*, AIBI/Diffusion De Boccard: Paris 2010, 87—112; Hanegraaff, 'Altered States of Knowledge'; idem, 'Gnosis', in Glenn A. Magee (ed.), *The Cambridge Companion to Western Mysticism and Esotericism*, Cambridge University Press: Cambridge 2013 是一些罕见的例外。

有开端。我看见一个沸腾着生命喷泉。……我看到了。它无法用言语来表达。[①]

如果那些声称有过这些体验的人坚称,要想真正理解他们在说什么,必须自己有这样的体验,那么这实际上是一致的,而不是刻意的蒙昧主义。例如,直接继承了这些古代晚期传统的伊斯兰柏拉图主义者苏赫拉瓦迪(Suhrawardī,1154—1191)[②]试图说服当时的亚里士多德主义哲学家相信,既然理性知识仅限于我们这个低级而次要的"黑暗"世界,因此不能指望理解那个生出万物的高级而首要的"光"之实在:

95

那里有俯视一切的光,造物主是一盏灯,原型在俯视一切的灯之中——纯洁的灵魂离开自己身体的殿宇时,常常看到这番景象。……谁若不相信这是真的——谁若没有被证据说服——就请他致力于神秘的学科,作那些幻想,也许他就像一个因雷电而晕眩的人,会看到光在力量的王国中闪耀,目睹赫尔墨斯和柏拉图所看到的天堂的本质和光明。[③]

---

① Nag Hammadi Codex Ⅵ 6, 57—8(试比较 Hanegraaff, 'Altered States of Knowledge', 151—158,这里是 155).

② John Walbridge, *The Leaven of the Ancients*: *Suhrawardī and the Heritage of the Greeks*, State University of New York Press: Albany 2000.

③ Suhrawardī, *Hikmat al-ishrāq* Ⅱ. 2. 165—166, trans. according to Suhrawardī, *The Philosophy of Illumination* (John Walbridge and Hossein Ziai, eds/trans.), Brigham Young University Press: Provo, Utah 1999, 107—108.

那么,使人脱离自己"身体的殿宇"的那些神秘学科是什么呢?如果试着用人类学家或心理学家的眼光来解读赫尔墨斯主义著作,并认真注意文本细节,那么就会注意到,它们不断提到特定的身体状况和不寻常的意识状态。比如在《赫尔墨斯秘文集》中,我们可以读到以下内容:

> 那一刻,当你对此无话可说时,你就会看到它,因为对它的知晓[gnōsis]乃是神圣的静默和压制住所有感官。已经懂得它的人可以其他什么都不懂,已经看到它的人也不能看或听任何其他东西,他也不能以任何方式移动自己的身体。他保持不动,忘记所有身体感官和运动。①

赫尔墨斯主义文献中有许多类似的暗示和说法(从第一章开篇就开始了)。事实上,古代有极为丰富的专业术语来描述这些状况,并对它们的不同样态作出区分(如 *ekstasis*, *alloiōsis*, *kinesis*, *entheos*, *enthousiasmos*, *daimonismos*, *theiasmos*, *apoplexia*, *ekplexis*, *mania*),②这表明,这些术语试图把握的体验和身体现象一定是司空见惯和众所周知的。在赫尔墨斯主义文献中,我们看到一些理想化叙事,讲述了探求者的楷模(三重伟大的赫尔墨斯或他的儿子塔特[Tat])如何被一步步引导进入越来越高的意识 96

① C. H. X: 5—6.

② F. Pfister, 'Ekstase', in Reallexikon für Antike und Christentum, 2nd edn, Hiersemann: Stuttgart 1970, 944—987.

状态:这一切都始于正常状态下的哲学教导(语词),然后他们走向在恍惚状态中(通过意象)直观到的知识,被涤净恶魔的力量,在一个拥有“更高感官”(使他能够感知到超出我们正常知觉范围的实在)的无形身体中获得重生,最后走向第八、第九层天球,在那里狂喜地见到了最终的神,“在静默中吟唱”不可言喻的赞美诗。[①]

不寻常的意识状态及其伴随的身体状况在人类学和宗教史中有详实的记录,但关于如何研究它们却很少有一致意见,甚至连基本的术语问题也是如此:例如,一些学者说“恍惚”,另一些学者说“狂喜”,还有一些人说“解离”或“改变的意识状态”。使问题变得更加复杂的是,这些术语常被用于充满意识形态假设和道德说教的更大的理论框架语境中,尤其是“神秘主义”、“魔法”和“萨满教”。[②] 自18世纪以来,关于狂喜体验的报告——特别是结合稀奇古怪的行为样态——大都与“原始野蛮人”的“非理性”相联系,或通过一种原始的“古老”心态被浪漫化:它们似乎显示了在空间和时间上与我们相距遥远的“他样”民族和文化的威胁性或令人向

① Hanegraaff, ‘Altered States of Knowledge’中有细致的分析。

② 关于“神秘主义”,参见 Hanegraaff, ‘Teaching Experiential Dimensions of Western Esotericism’, in William B. Parsons (ed.), *Teaching Mysticism*, Oxford University Press: Oxford/New York 2011, 154—169,这里是154—158。关于“魔法”,参见本书第六章,pp. 104—5。关于“萨满教”,例如参见 Gloria Flaherty, *Shamanism and the Eighteenth Century*, Princeton University Press: Princeton 1992; Ronald Hutton, *Shamans: Siberian Spirituality and the Western Imagination*, Hambledon & London: London/New York 2001; Andrei A. Znamenski, *The Beauty of the Primitive: Shamanism and the Western Imagination*, Oxford University Press: Oxford/New York 2007。

往。作为这些观点的逻辑对应，关于我们自己历史中类似状态或状况的大量文本证据在很大程度上被忽视、边缘化或扭曲了：它们并不符合对西方宗教和思想文化的业已接受的刻画。所有这些都例证了西方身份政治的辩护/辩论的驱动力（见第三章），它所导致的令人困惑的话语往往与想象的理论构造更相关，而不是与经验证据或历史证据更相关。

97

为了尽可能避开理论和术语的这片雷区，同时又能紧跟认知研究中最新的学术成果，我们将采用伊曼茨·巴鲁什（Imants Baruš）的"意识的改变"（alterations of consciousness）概念。[①] 更为人熟知的术语"改变的意识状态"（altered states of consciousness，ASCs）的含义是成问题的。它暗示必定存在着某种基准的意识状态，然而证据表明，我们的意识从一开始就不是完全稳定的，应当被看成一个连续体，而不是从正常状态突然变成改变的状态。另一个问题是，这个术语受到20世纪60年代反主流文化一代的积极推动，仍然与致幻剂紧密联系在一起。结果，精神药物在很多情况下仍然主导着关于"改变的意识状态"的流行看法，而事实上精神药物只是改变意识的大量因素中的一类。

而"意识的改变"则暗示人有获得各种经验或经验模式的潜在能力。关于人的心理生理机体对特定种类的感觉输入或输入限制如何反应，精神集中程度或警觉程度的增加或减少以及人体的化

---

① Imants Baruš, *Alterations of Consciousness: An Empirical Analysis for Social Scientists*, American Psychological Association: Washington 2003.

学或神经生理学变化如何影响我们的经验知觉模式，我们已经了解很多。[①] 从原则上讲，对这些机制的认识应当有助于使西方神秘学资料中关于异常体验的许多论述“正常化”。我们并非在讨论与我们对现实的认识相冲突的古怪异常，以致学者应当拒绝信任它们或将其斥为非理性或疯狂的幻想。恰恰相反，如果置身于特定的心理生理条件下，比如参加一场仪式或者运用精神技巧，就可以预期有特定类型的不寻常经验和身体现象出现。特别是，如果这发生在一种能使这些经验变得有意义的神秘学世界观或象征体系的框架内，[②]比如上一章讨论的“柏拉图主义”世界观或“炼金术”世界观，那么这些经验很可能会最终确证该世界观，并且给个体参与者留下深刻印象。

98 如果我们承认意识的改变是特定条件下必然会发生的正常现象，且有一定程度的规律性甚至可预测性，我们就可以开始用新的眼光来审视西方神秘学的来源。例如，柏拉图的《菲德若篇》(*Phaedrus*)就对真正的哲学家藉以通达神的四种“疯狂”(*mania*)作了极富影响的描述，但那在普通人看来却像精神失常：“他避开忙碌的人类，和神亲近，被众人斥为精神失常，因为他们不知道他被神所充满。”[③]一种“疯狂”被认为可将预言的禀赋赠予人，另外

---

① 简短的系统概述参见 Arnold M. Ludwig, ‘Altered States of Consciousness’, in Charles T. Tart (ed.), *Altered States of Consciousness*, Anchor Books: Garden City, NY 1972, 11—24, esp. 12—15。

② Clifford Geertz, ‘Religion as a Cultural System’, in Michael Banton (ed.), *Anthropological Approaches to the Study of Religion*, Tavistock: London/New York 1966.

③ Plato, *Phaedrus* 249d.

三种“疯狂”则被柏拉图与特定的触发或条件联系起来:诗歌/音乐、净礼、爱情或爱欲(*eros*)会影响人的意识状态,能使人的灵魂脱离正常的共识,使之更接近神。由于柏拉图的伟大权威,意大利文艺复兴时期从菲奇诺到布鲁诺的许多哲学家都对他关于“疯狂”(拉丁词译为 *furor*)的讨论特别着迷,他们需要一套术语来谈论在狂喜状态中获得的“更高的或绝对的”知识。[①] “灵知”一词还不能为其所用,因为它仍然与可鄙的异端形象太过紧密地联系在一起,甚至连热衷于赫尔墨斯主义的人也尚未认识到希腊词 *gnōsis* 的具体内涵。[②] 直到《拿戈玛第经集》在 20 世纪中叶被发现之后,这个术语才渐渐在神秘学论说中发挥作用。[③]

从一种柏拉图主义的观点看,将意识的改变解释为灵魂从身体中暂时解放出来的体验症状是很自然的(对“濒死体验”的现代解释仍然属于这种模式)。而从一种炼金术的观点看,将其视为内在重生的标志或者对它的期待则要更为一致。雅各布·波墨是一个经典例子,他描述了自己如何为了明晓这个世界上恶和痛苦的原因而一直“与神角力”,直到最后,

① Wouter J. Hanegraaff, ‘The Platonic Frenzies in Marsilio Ficino’, in Jitse Dijkstra, Justin Kroesen and Yme Kuiper (eds), *Myths, Martyrs and Modernity: Studies in the History of Religions in Honour of Jan N. Bremmer*, Brill: Leiden/Boston 2010, 553—567; idem, ‘Under the Mantle of Love: The Mystical Eroticisms of Marsilio Ficino and Giordano Bruno’, in Wouter J. Hanegraaff and Jeffrey J. Kripal (eds), *Hidden Intercourse: Eros and Sexuality in the History of Western Esotericism*, Fordham University Press: New York 2011, 175—207.

② Wouter J. Hanegraaff, ‘How Hermetic was Renaissance Hermetism?’, in *Aries* 15 (2015), 179—209.

③ Faivre, ‘Le terme et la notion’.

> 我的精神[已经]冲破了地狱的大门，进入了神在内心最深处的诞生，在那里它被满怀爱意地接纳，就像新郎拥抱他亲爱的新娘一样。但我无法用文字或声音来表达这一精神上的胜利；事实上，除了生命在死亡中诞生或死而复生，我们无法将它与任何东西相比。在这种光中，我的精神已经看穿了一切，在万事万物甚至是植物和杂草中，它也看到了神：他是谁，他如何存在，他的意志是什么。①

99

这种指引灵知的突破性体验一定是经过长时间紧张集中的祈祷才出现的：此类满含情感的修行据信最终触发了开悟体验。在基督教神智学后来的历史中，比如在非拉铁非教会或天使兄弟会等灵性群体和会社中，类似催眠的条件下似乎经常会产生生动的宗教异象以及一些古怪的行为，导致人们怀疑这些狂喜者是否神志正常。所有这些都是异端的唯灵论和虔敬论语境下"宗教狂热"（德文是 Schwärmerei）这种更一般的普遍现象的一部分，并常常伴有痉挛、抽搐、颤抖、晕厥、尖叫或类似于邪灵附体等极端的身体表达。这种"狂喜宗教"的历史可以追溯到 18、19 世纪，并最终导向早期临床心理学所研究的"歇斯底里症"现象。②

于是，意识的改变似乎是理解西方神秘学中频繁提到"更高或

① Jacob Böhme, *Morgen-Röte im Aufgangk*, chapter 19 (Ferdinand van Ingen, *Jacob Böhme Werke*, Deutscher Klassiker Verlag: Frankfurt a. M. 1997, 336).

② Ann Taves, *Fits, Trances, and Visions: Experiencing Religion and Explaining Experience from Wesley to James*, Princeton University Press: Princeton 1999.

绝对的”知识的一把关键钥匙。然而，在上述所有有代表性的例子中(古代赫尔墨斯主义、柏拉图所说的疯狂、波墨的开悟体验)，我们都在讨论典型的前启蒙状况，它将灵知看成包括理性和信仰在内的知识结构中的最高层次。而在后启蒙状况中，“灵知”则与其竞争对手“理性”和“信仰”(被非常负面地理解为既定宗教和科学的教条说法)相对抗，“灵知”往往也吸收“理性”和“信仰”的说法。可以说，灵知不再是蛋糕上无法用语言表达的樱桃，而是成了整个蛋糕。因此，一个人相信像天使或魔鬼这样的精神存在，不再是基于对传统宗教和权威的信仰，而是因为他声称亲眼见过和遇到过这些东西——或者让人相信那些声称有过这些经历的人的说法(亦即灵知的说法成了以上讨论的信仰对象)。个人体验现在作为经验证据被提出，不仅是为了证明那个无法用语言表达的绝对者，而且也是为了证明那些至少在一定程度上可以描述和交流的精神实体。诸如冥想这样的精神技巧或其他种种催眠诱导程序，现在都作为检验和验证的准科学工具而得到鼓励。简而言之，据说意识的改变(无论它们以何种名称出现)已经能从经验上证明任何存在于通常不可见的精神层面的东西(无论是否可交流)。 100

伊曼努尔·斯威登堡是这种新发展的典型例子。他说神只将直接的灵性视觉授予了他一人，据此，他对天堂和地狱的环境和居民作了生动细致的详细描述。自启蒙运动以来神秘学的另一项重要创新力量——催眠术，也基于意识的改变(被称为人工梦游)，但通过简单易行的技巧，每个人都可以发生意识改变。梦游症患者描述了与斯威登堡类似的壮观的幻想之旅：他们声称去过灵界和天使界，也去过宇宙中其他星球，以及更加“内在”和愈发抽象的实在维度。[①] 正如奥地利学者卡尔·拜耳(Karl Baier)在一项卓越的研究中所表明的，[②]对于今天神秘学的许多形式来说，梦游症所确立的体验宗教模式已经变得至关重要。例如我们可能会想起“星际旅行”、前世探索、对人体光晕的透视“研究”，甚至是像神智学和其他隐秘主义背景中的“隐秘化学”这样的东西；阅读《阿卡莎密录》(*akasha chronicles*)和对鲁道夫·施泰纳人智学中“更高的世界”作其他形式的透视研究；还有“沟通”被认为存在于“其他维度”的灵体的新时代现象。在所有这些类似的案例中，其基本声明始终是，通过改变一个人的意识，有可能获得关于否则便不可见的存在层次的更高、更深乃至绝对的知识。自 20 世纪 60 年代以来用精神药物来契入不可见的实在层次的“宗教致幻神秘学”的各种形式[③]仅仅是范围大得多的谱系的一个特定部分而已。

101

如前所述，意识的改变在神秘学语境(更不要说其他语境)下所扮演的角色受到的忽视令人惊讶。要想填补这一脱漏，该领域的学者必须愿意将人类学、心理学、神经生物学、认知研究等领域

---

① Wouter J. Hanegraaff, ‘Magnetic Gnosis: Somnambulism and the Quest for Absolute Knowledge’, in Andreas Kilcher and Philipp Theisohn (eds), *Die Enzyklopädik der Esoterik: Allwissenheitsmythen und universalwissenschaftliche Modelle in der Esoterik der Neuzeit*, Wilhelm Fink: Munich 2010, 259—275.

② Karl Baier, *Meditation und Moderne: Zur Genese eines Kernbereichs moderner Spiritualität in der Wechselwirkung zwischen Westeuropa, Nordamerika und Asien* (2 vols), Königshausen & Neumann: Würzburg 2009.

③ Wouter J. Hanegraaff, ‘Entheogenic Esotericism’, in Egil Asprem and Kenneth Granholm (eds), *Contemporary Esotericism*, Equinox: Sheffield 2012, 392—409.

的专业知识与对西方神秘学资料一丝不苟的文本研究结合起来。同样，只有在一种彻底跨学科的基础上，我们才能指望在整个西方文化的更广语境下开始理解其历史的各个关键方面。

102

第六章　修习

宗教远比相信更多。宗教不仅仅是持有某些世界观，断言特定的教义命题，或者就实在的真正本性发表看法。在相当大的程度上，宗教是人所做的事情。人们祈祷、去教堂、冥想、告解、点亮蜡烛、听布道、唱赞美诗、领受圣餐、忏悔、查经、反对异教徒、庆祝宗教节日、朝圣，等等。做某些事情，拒绝做其他一些事情，这属于宗教的本质——无论一个人是否很清楚自己相信的是什么以及为什么要相信这些东西。既然神秘学是西方文化中宗教不可或缺的组成部分(尽管也参与了哲学和科学领域)，要想写出一部完备的概述，除了世界观和获取知识的途径，还必须关注神秘学的修习维度。与神秘学相关的人实际在做什么？出于各种原因，这也许是该领域最难研究和理解的方面。

首先是“来源”问题。由于信仰和信念通常会在某个时候写下来，所以将它们传给后人要比将修习的精义传承后世容易和精确得多。详细描述宗教修习往往没有很大必要：宗教修习者大多是 103 通过口头指导、日常经验或观察以及模仿“如何做事情”来学习，并不需要将人人已知的东西写下来作为提醒。结果，我们对宗教信念或神秘学信念的了解通常要比修习更多。

第二是“语词描述”问题。修习天生就比理论或教义更难描述。即使是一项简单的仪式也会受到同时作用于所有感官的无数细节的影响,因此,即使是很容易通过观察和模仿来学习的简单的仪式程序也很难用语词来把握。结果,就算拥有神秘学的修习资料,它们也往往是不完整的。

第三是"(秘密的)新教偏见"问题。经典的宗教研究进路曾经深受新教假设的影响,包括暗中把罗马天主教斥之为秘密的"异教"修习,[①]导致过分强调教义和信仰,缺乏对仪式和其他形式修习的关注。[②] 结果,大多数学者都集中于神秘学观念的历史或话语,而很少关注神秘学的修习:即使是对当代潮流作一手研究,他们也仍然倾向于避免直接参与相关修习。

最后是"方法"问题。即使原则上承认修习的重要性,也不容易判定它适合用何种方法来研究。人类学家已经通过研究参与者而积累了很多经验,并且对当代的神秘学形态越来越有兴趣,但尝试将人类学方法应用于历史材料的人仍然为数不多。

所有这些因素导致我们对神秘学修习的了解远远落后于对神秘学思想或组织历史的了解。由于没有什么一般的研究能够覆盖整个领域,所以本章只能初步尝试对这个未经勘测的领地作一番 104

① Jonathan Z. Smith, *Drudgery Divine: On the Comparison of Early Christianities and the Religions of Late Antiquity*, University of Chicago Press: Chicago/London 1990, esp. 1—35; Jonathan Z. Smith, *To Take Place: Toward Theory in Ritual*, University of Chicago Press: Chicago/London 1987, esp. 96—117.

② 关于仪式研究的发展,参见 Jens Kreinath, Jan Snoek and Michael Stausberg (eds), *Theorizing Rituals: Issues, Topics, Approaches, Concepts*, Brill: Leiden/Boston 2006; Jens Kreinath, Jan Snoek and Michael Stausberg (eds), *Theorizing Rituals: Annotated Bibliography of Ritual Theory, 1966—2005*, Brill: Leiden/Boston 2007。

描绘。我们将在八个标题下，根据各自的预期目标来讨论西方神秘学语境下的广泛修习：(1)控制；(2)知识；(3)扩增；(4)治疗；(5)进步；(6)接触；(7)合一；(8)快乐。我们将在下面进一步解释这八个类别的确切含义，但应当从一开始就强调，它们并非相互排斥。例如，追求某些种类的知识[2]可能是为了控制[1]环境或治疗[4]疾病，但也可能被认为属于灵性进步[5]的某个阶段。同样，尝试接触[6]天使或恶魔等精神实体，也可能是为了获得知识[2]、控制[1]或治疗[4]建议。凡此种种，不一而足。

在分别讨论八类的例子之前，我们先要去除修习研究中的一个主要障碍："魔法"概念作为一个与"宗教"和"科学"相竞争的普遍的具体化范畴。认为一些修习本质上是"魔法的"，而不是"宗教的"或"理性的/科学的"，这种观念是 19 世纪下半叶和 20 世纪上半叶由书斋里的人类学家和社会学家(尤其是泰勒/弗雷泽、莫斯/涂尔干的学派)创造出来的。他们这样做的背景是启蒙运动反对"迷信"的辩论，而这些辩论又极大地得益于基督教反对"异教"和"异端"的辩论。结果，著名的魔法—宗教—科学三元组中充斥着种族中心主义和道德说教的偏见，倘若用于欧洲和世界其他地方的宗教史，将会导致系统的扭曲和误解。对于恰当地理解神秘学及其在西方文化中的作用以及一般的宗教研究而言，最有害的范畴也许莫过于此了。① 由于"魔法"在大众话语和学术话语中发挥

① 令人信服的详细论证参见 Bernd-Christian Otto, *Magie: Rezeptions- und diskursgeschichtliche Analysen von der Antike bis zur Neuzeit*, De Gruyter: Berlin/New York 2011, 1—132。另见 Randall Styers, *Making Magic: Religion, Magic, and Science in the Modern World*, Oxford University Press: Oxford/New York 2004; Wouter

的巨大影响，本章所讨论的大部分修习仍然会被认为在某种意义上是“魔法的”，也会自动暗示它们必定不同于“真正的”宗教（通常暗示“基督教”或者说“新教”），更不用说科学。除非抛弃这个魔法—宗教—科学三元组及其意识形态支撑，否则无法指望理解西方文化中宗教的复杂性。

105 在欧洲的历史进程中，“魔法”一词已经获得了一系列特定含义，这些含义显然应当得到认识和研究；但要点是，它们所指的修习可以顺利归入更广的“宗教”和“科学”范畴。例如，有很好的理由可以把祈请天使或恶魔的修习称为一种宗教活动。同样，如果中世纪“自然魔法”的修习者正在研究自然中隐秘的力量，他们便成为早期科学或自然哲学的修习者。将这些修习置于被称为“魔法”的第三个范畴，从而使之与宗教和科学/理性分开，其目的仅仅是为了区分“真”与“假”：这种规范性的主观追求不应在历史学术研究中占据一席之地。请注意，这一论点不仅适用于传统上将“魔法”一词用作一个负面范畴，以将错误或邪恶的“他者”排斥在外，而且也适用于后来将它变成一个正面范畴的努力，例如“魔法世界观”被推崇为一种美妙的附魔世界观，以反对宗教教条主义或唯物主义科学。①

接下来，我们将讨论与西方神秘学相关的八种不同的修习类

J. Hanegraaff, *Esotericism and the Academy: Rejected Knowledge in Western Culture*, Cambridge University Press: Cambridge 2012, 164—177; Wouter J. Hanegraaff, ‘Magic’, in Glenn Alexander Magee, *The Cambridge Companion to Western Mysticism and Esotericism*, Cambridge University Press: Cambridge 2013。

① 关于这两种互补的防范方式，参见 Otto, *Magie*。

别。就每一个类别所给出的例子并不完整，只作说明之用，旨在让人充分意识到该领域的复杂性。

控　　制

第一类修习旨在对实在产生某种影响或支配。其中很多修习都源于人的脆弱性这个基本事实：我们或多或少都要听任外部环境的摆布，外部环境可能会以某种方式伤害我们，因此人类自然会试图在一个有威胁的世界中找到某些控制方式。一个明显的例子是护身符或驱邪物被广泛用于防范疾病或死亡等自然危险，但也可以用于防范他人的恶意（无论是想象的还是真实的）。[①] 因为人们不仅感到有必要防范伤害，而且可以采取主动，实际尝试通过类似的工具和技巧来伤害敌人。当然，施加伤害和防范伤害只是投身控制修习的可能动机之一：例如在整个历史中，人一直都在用符咒或药剂让其他人爱上自己或同意与之交媾，但类似的技巧也被用来追求权力、财富（比如寻找隐藏的宝藏）等目标。关于它们为什么管用，其解释从隐秘力量和交感与反感的宇宙力量等自然原因到恶魔或天使等超自然动因的帮助，林林总总，不一而足。

106

这些修习大都代表一种没有更深思想意图的"自助宗教"。事实上，符咒、咒语或佩戴护身符和驱邪物等流行技巧绝非仅限于现代以前，而是一直持续至今。古代和中世纪用于控制目的的流行

① 例如 Richard Kieckhefer, *Magic in the Middle Ages*, Cambridge University Press: Cambridge 1989, 56—94。

修习直接对应于当代千百万美元的产业，从数不清的操作手册（获得爱、幸福、财富等的技巧和指导）一直到新时代商店中出售的水晶和宝石。在与西方神秘学相关联的领域中肯定也有人寻求在更高的思想层次上进行控制（这是必然的，因为权力欲是最常见的人类动机），但即使是在自认的"魔法师"和隐秘学家当中，它所起的作用也不像我们以为的那样显著。这里阿莱斯特·克劳利可以作为一个例子。初看起来，他对魔法的著名定义——"按照意志产生变化的科学和技艺"——似乎完全表明这位神秘学家渴望追求支配外在世界的力量。但事实上，克劳利一生中所践行的各种"魔法"修习的目标并不像获得哈利·波特式的能力那样幼稚：毋宁说，它们服从于个人自我实现的精神目标，即所谓找到一个人的"真意"（true Will，更符合下述"进步"类别）。总的说来，与不受约束地渴望权力和控制这一令人激动的论题更相关的乃是属于记忆史层次的对"魔法和隐秘知识"的刻板想象，而不是西方神秘学的实际历史来源。

知　识

107

第二类修习旨在获取信息。例如，被称为《诺托里阿技艺》（*ars notoria*）的一组重要的中世纪文本讲述了如何通过人工手段来获取关于若干种自由技艺和修辞技巧等相关才能的知识。该文本称自己的权威来源于《圣经》中说的，神赐予所罗门王以智慧（*sapientia*）、知识（*scientia*）和直觉（*intelligencia*）（《历代志下》1:9—12），并称这种智慧、知识和直觉可以通过复杂的仪式、净化、告解、画符(*notae*)以及包含一连串难解的名称或语词(*verba ignota*)的祈祷、演说或法术来获得。[①] 这些未经教会批准的修习有时会被告发,但现存的大量手稿表明,它们一定非常流行。用理查德·基克希弗(Richard Kieckhefer)的话说,其主要读者似乎是一个由教士组成的"教士黑社会"(clerical underworld),他们受过良好的教育来生产、阅读和复制这些文本。[②] 这一传统一直持续到17世纪,对约翰·迪伊等重要的文艺复兴时期思想家起了关键作用。迪伊著名的祈求天使显灵本质上服务于同一个获取知识的目标:希望天使能为他提供自然哲学和科学领域的一些信息,这些信息也许不能用其他方法来获得。迪伊的仪式修习来源于所罗门的"诺托里阿技艺"传统,[③]但也包括使用一位"镜占者"(即爱德华·凯利[Edward Kelley]),凯利声称当他处于恍惚状态时,天使在黑色的镜面上显示于他:这个例子表明,仪式背景下意识的改变有时可以被用来支持属于"理性"领域而非"灵知"领域的知识主张(见第五章)。

尝试获取——关于过去、现在特别是未来的——知识也是通

---

① 参见 Claire Fanger (ed.), *Conjuring Spirits: Texts and Traditions of Medieval Ritual Magic*, Sutton: Phoenix Mill 1998 中 Frank Klaassen, Claire Fanger and Michael Camille 的文章。

② Kieckhefer, *Magic in the Middle Ages*, 151—175.

③ Stephen Clucas, 'John Dee's Angelic Conversations and the Ars Notoria' (2006), repr. in Clucas, *Magic, Memory and Natural Philosophy in the Sixteenth and Seventeenth Centuries*, Ashgate/Variorum: Farnham/Burlington 2011.

常被称为占卜或占卜技艺的各种修习的核心。[①] 这个概念源于塞维利亚的伊西多尔(Isidore of Sevilla)极具影响的《词源》(*Etymologiae*，公元7世纪初)，但它的含义其实很模糊：首先是为怀疑论者可能认为无意义的图案或符号赋予意义，比如预测命运，从一个人的生理外貌(相面术)或从他的手纹(手相术)解读出他的命运，按照标准化程序来解读由看似随机的图案组成的样式(泥土占卜)，解读塔罗牌甚至是释梦(解梦学)，等等；其次是一些技巧，它们本质上依靠凝视一个反射面所引起的意识改变：爱德华·凯利在约翰·迪伊的黑镜上看到的东西就是镜占的一个例子(镜占)，此外还有凝视水晶球的著名修习，即使在19世纪隐秘学的鼎盛时期它似乎也很流行；[②]最后是占星学，这里特指如何根据未来的天体位形对事件的发生做出预言或者对采取行动的最佳时机做出选择，但也指通过解释一个人出生时的天宫图来了解其心理结构。此外不要忘了，自然魔法、炼金术和占星学的修习者都会从事经验观察和实际的实验，以扩展对于自然运作的认识。在这些情况下，我们会径直讨论现代早期的科学或自然哲学。

108

---

① Thérèse Charmasson, 'Divinatory Arts', in Wouter J. Hanegraaff (ed.), in collaboration with Antoine Faivre, Roelof van den Broek & Jean-Pierre Brach, *Dictionary of Gnosis and Western Esotericism*, Brill: Leiden/Boston 2005, 313—319.

② Joscelyn Godwin, *The Theosophical Enlightenment*, SUNY Press: Albany 1994, 169—186.

扩　增

第三类修习旨在扩展或最大限度地提升其自然能力的范围或品质。例如,菲奇诺出版了一部名著——《论从天界获得生命》:“如何让一个人的生命与天体和谐”。其核心修习通常被归于“星辰魔法”,旨在运用(普罗提诺的)交感与反感法则使一个人最大程度地受到星辰的有益影响。菲奇诺的学生迪亚切托(Diacceto)对这种修习作了描述:

109

> 例如,如果[修习者]希望获得太阳的馈赠,他先要看到太阳在狮子座或白羊座上升,然后穿着诸如金色等太阳颜色的太阳披风,头戴桂冠,在太阳材料制成的祭坛上,焚烧没药和乳香,这是太阳自身的熏蒸,并以紫罗兰等花瓣撒满地面。他还有由黄金、贵橄榄石或红玉,也就是他们认为对应于太阳每一种馈赠的东西所制成的太阳图像……然后,在同样的星象之下涂抹由番红花、香脂、黄蜜及其他此类东西制成的药膏,……吟唱太阳自身的赞美诗。……他还会运用嗓音、西塔拉琴和整个身体的三重和谐,他发现这种和谐属于太阳。……除此之外,他还加上了自认为最重要的东西:带有强烈情感的想象力倾向,精神就像怀孕的妇女一样,通过想象力被打上这种印记,经由眼睛等身体通道飞出去,像凝乳一样发酵和凝结与天界类似的力量。①

① Francesco Cattani da Diacceto, *De pulchro* (in *Opera Omnia*, 45—46),这里引自 D. P. Walker, *Spiritual and Demonic Magic from Ficino to Campanella*, The Warburg Institute: London 1958, 32—33。

这段独特的文字描述了一种仪式修习，它有意使想象力和所有身体感官都充满了“太阳”的力量，以改善人在身、心、灵方面的健康。事实上，可以认为菲奇诺的处方明显预示了像加利福尼亚伊莎兰中心这样的地方所修习的当代“整体健康”(holistic health)方法。

菲奇诺的星辰魔法认为所有人都持续处于星界的影响之下，试图在受控仪式的背景下通过操纵环境条件而将“人的潜能”最大化。而其他修习技巧则本质上是为了训练一个人的能力。例如，人们公认乔尔达诺·布鲁诺精通古代和中世纪的记忆术：这是一套用来改进记忆的技巧，需要系统训练一个人的想象力。[①] 到了19世纪末，想象力(布鲁诺似乎已经将它发展到惊人的程度)在隐秘主义仪式魔法的背景下变得极为重要。在“金色黎明会”中，想象力对于一些核心修习是必不可少的，比如“中柱仪式”(Middle Pillar Ritual，修习者在该仪式中与卡巴拉的生命树排列一致，想象“宇宙能量”如何作为“源质”的光下降穿过对应于他自己身体的所有生命树)或灵体旅行(astral travel，修习者须想象一个六角星形，然后它变成一个“门径”，修习者由此进入想象被具体化的另一个世界，在那里会遇到天使和其他东西)。[②] 人类学家谭亚·鲁尔　110

① Frances A. Yates, *The Art of Memory*, University of Chicago Press: Chicago 1966.

② Alex Owen, *The Place of Enchantment: British Occultism and the Culture of the Modern*, University of Chicago Press: Chicago/London 2004, 1, 156—157, and *passim*.

曼在其关于伦敦当代隐秘学的重要研究中表明,系统地训练想象力对于一个人由以进入这类仪式魔法的"解释转移"(interpretive drift)过程是至关重要的。[①] 今天,类似于中柱仪式的想象修习(为了治疗等目的而想象灵性之"光")在各种新时代手册中几乎无处不在。

需要注意的是,现当代的神秘学家们往往会区分纯粹的幻想和真正的想象:后者被视为一个人藉以通达真正实相的一种知觉能力。从这一角度来看(它也隐含在安托万·费弗尔所说的"想象/中介"的典型特征中,非常接近于昂利·科尔班的"想象的世界"[*mundus imaginalis*]概念),[②]学习扩展自己的想象力其实是在训练一个人接受其他世界真正异象的能力。

治　　疗

第四类修习旨在治愈身体或精神上的疾病。治疗是西方神秘学的一个重要维度,它显然与之前所有类别都有重叠:疾病可能被归因于他人的恶意,可以尝试通过符咒或护身符等手段来治愈它(类别 1),寻求的知识往往集中于医疗信息(类别 2),菲奇诺的星辰魔法尤其针对健康受到土星影响的威胁以及学术生活有职业危

---

① Tanya M. Luhrmann, *Persuasions of the Witch's Craft: Ritual Magic in Contemporary England*, Harvard University Press:Cambridge, MA 1989, 191—202.

② Henry Corbin, '*Mundus Imaginalis*, or the Imaginary and the Imaginal', in Corbin (Leonard Fox, ed.), *Swedenborg and Esoteric Islam*, Swedenborg Foundation: West Chester 1995, 1—33.

险的知识分子(类别3)。西方神秘学史上的许多关键人物都是医生、心理学家或精神病学家。菲奇诺是一个医生的儿子,他喜欢把自己视为"灵魂的医生";16世纪神秘学的核心人物之一帕拉塞尔苏斯是医学史上的重要革新者。尽管其系统之间有很大差异,但 111 他们都在一个更大的背景下看待身体治疗:我们生病是因为我们处于一种堕落状态(帕拉塞尔苏斯称之为*cagastric*),因此,唯一彻底而持久的治疗方法就在于灵性的重生和灵魂的拯救。从逻辑上讲,在基督教的背景下,这使基督成为最终的治疗者。炼金术修习在其历史中大都与医学实验密不可分(长生不老药显然是最终的万能药);到了17世纪,在帕拉塞尔苏斯之后,这种医学炼金术被称为医疗化学(iatrochemistry)。毫不奇怪,在1614年的《兄弟会的传说》中,玫瑰十字会成员被称为一群治疗师兄弟,其使命是治愈疾病而不求报酬。

弗朗茨·安东·梅斯梅尔关于动物磁力的新颖修习被视为一种万能的治疗方法,但我们已经看到,随着它后来发展成一种诱导"梦游"状态的方法,其应用范围扩大到不仅包括身体,而且也包括心灵。但另一位医生尤斯提努斯·凯尔纳(Justinus Kerner)出版了一系列著作来讨论他那些梦游的和/或被恶魔附体的患者,并附有各种治疗方法(包括使用护身符和驱邪物等传统疗法)的详细信息。这种浪漫主义背景下的德国催眠术传统正是引领现代心理学和精神病学发展的所谓"潜意识的发现"的起源。[①] 卡尔·古斯塔

① Henri F. Ellenberger, *The Discovery of the Unconscious: The History and Evolution of Dynamic Psychiatry*, Basic Books: n. p. 1970.

夫·荣格的分析心理学深受这一传统的影响，以至于这种疗法或可被视为一种复杂的应用神秘学。荣格之后，“新思想”(New Thought)等其他新疗法也从催眠术的起源中发展出来。自20世纪60年代以来，这些不同的治疗传统在各种“整体健康”运动中前所未有地兴盛起来：我们在这种背景下看到了所有传统方法，从水晶和宝石到各种催眠诱导，从天然药品或草药到通过正面“肯定”来影响心灵，从灵气(Reiki)这样的新催眠修习到南美卡皮木(ayahuasca)这样的宗教致幻剂。

112

进　步

第五类修习旨在促进个人的精神发展。朝着一个精神目标前进，这种观念自然会被比喻成旅行，比如在约翰·班扬(John Bunyan)著名的《天路历程》(*Pilgrim's Progress*, 1678)中，或者在稍早前更接近神秘学领域的扬·阿摩司·夸美纽斯(Jan Amos Comenius)的《迷宫世界和心灵天堂》(*Labyrinth of the World and Paradise of the Heart*, 1623)中。至于旨在伴随和激励这种进步的修习，我们显然会想到结构化的制度或轮番的祈祷和冥想，无论在修道院和灵性团体那样的组织背景中，还是在个人的虔诚生活中。在这方面，至少是在中世纪和现代早期的欧洲，神秘学修习往往很难与基督教修习更一般地区分开。例如，英格兰的非拉铁非教会或约翰·格奥尔格·基希特尔的天使兄弟会等基督教神智学团体与其他基督教团体之差异与其说在于祷告修习的性质，不如说在于信念和经验的内容。

共济会的仪式修习和受共济会仪式启发的许多神秘学组织是此类修习更为明显的例子。作为仪式“戏剧”而举行的一系列渐进的入门仪式——“学徒”、“技工”、“导师”，也许还有随后一系列更高等级——都基于一种观念，即共济会的兄弟们正井然有序地从世俗无知状态朝着更高的精神境界迈进。这被认为不只是获得新的知识，而且也是打磨人自身，以便成为宏伟的世界建筑中一块更有用的“石头”。当然，入门仪式的观念源于像毕达哥拉斯学派那样的古代兄弟会模型，以及认为更高的精神真理专属于那些配得上和有能力理解它们的人。所有这一切都与通过教育使人类进步的当代观念产生了共振，比如在让-雅克·卢梭(Jean-Jacques Rousseau)的《爱弥儿》(*Emile*,1762)或戈特霍尔德·埃夫莱姆·莱辛(Gotthold Ephraim Lessing)的《人类的教育》(*Education of the Human Race*,1780)中。

113 通过有纪律的修习来“加工自我”和取得精神上的进步，这种与进化论思想同时出现的理想已经成为19世纪以来神秘学的一部分：如果人的意识据信会演进到更高层次，那么人格层面的努力和演进显然也是有意义的。这种进步可以用入门仪式来象征性地表达，比如在共济会的背景下，但也可以表达为一个人一生中坚持不懈的追求。它可能意味着尝试“有意识”和负责任地生活，努力按照一个人自己的信念来规训其日常思想和行动，但也可能表现为特定的修习，比如每日的冥想或其他精神技巧。葛吉夫、施泰纳等许多导师都提出了非常成熟的系统，以帮助学生们“阔步前进”，现在做神秘学生意的人所创立的培训计划简直数不胜数。

接　触

第六类修习旨在与据称存在于正常感官范围之外的东西进行接触。在古往今来西方神秘学的整个历史中，这种追求一直占主导地位。它始于像新柏拉图主义通神术这样的仪式活动，旨在“让人的心灵分有神”。[①] 在中世纪发展出了旨在接触天使和恶魔的各种“仪式魔法”。恶魔型的通常被称为通灵术，经常涉及留在人们可怖的固定印象中的各种修习：魔界、动物献祭、古奇的语句、神秘的标志符号、熏蒸等。[②] 天使型的则包含上述“诺托里阿技艺”的许多要素，并附有对神、基督、圣灵和各级天使的长时间祈祷，再结合禁食、告解和静思冥想（这特别清楚地说明了为什么“魔法”这个范畴对于同样可以被称为宗教的修习来说是成问题的）。[③] 中世纪的恶魔“魔法”和天使“魔法”传统一直持续到文艺复兴时期，像约翰内斯・特里特米乌斯和约翰・迪伊这样的例子便是明证。需要再次强调的是，这些著名的“大人物”仅仅是有类似追求的许多基本上被遗忘的较为次要的人所组成的冰山的一角。

114

虽然伊曼努尔・斯威登堡自称每天都能接触灵魂和天使，但他将这归功于神的恩典；除了一些关于“循环呼吸”（circular

① Iamblichus, *De Mysteriis* 12.

② Claire Fanger, 'Medieval Ritual Magic: What it is and why we need to know more about it', in Fanger, *Conjuring Spirits*, vii—xviii，这里是 vii。

③ Claire Fanger, 'Medieval Ritual Magic: What it is and why we need to know more about it', in Fanger, *Conjuring Spirits*, viii—ix.

breathing)的无关紧要的说法，我们对于诱导这些异象的修习或技巧几乎一无所知。另一方面，催眠诱导似乎可以产生关于灵魂等实体的常规异象，尤斯提努斯·凯尔纳的《普雷福斯特的女预言家》(*Seeress of Prevorst*)便是一个典型案例；而在1850年以后唯灵论风行期间，同样的方法被用来使灵媒进入一种催眠状态。随着神智学在19世纪末的传播，部分受到帕斯卡尔·贝弗利·伦道夫等独立隐秘学家的影响，"实体"的可能范围远远超出了天使、恶魔或亡灵等传统类别。伦道夫本人引入了"Spirits/Angels, Seraphs, Arsaphs, Eons, Arsasaphs, Arch-Eons和Antarphim"的七层等级结构，[①]但这只是开始：在后来神秘学和隐秘学的形态中，可以接触的实体范围似乎已经变得几近无限。目前活跃在新时代背景下的无数个催眠灵媒或"通道"认为，我们正生活在一个具有无限意识形态的多维宇宙中。用其中一人的话说：

> 宇宙每一个八度音程中都有许多层次的向导、实体、能量和存在。其中一些是神灵，就像在现实的一个八度音程中存在着希腊诸神(Grecian lords)，在现实的另一个八度音程中存在着扬升大师(ascended masters)。存在着宇宙的神灵，星系的频率。它们都在相对于你自己的吸引/排斥机制进行挑

① John Patrick Deveney, *Paschal Beverly Randolph: A Nineteenth-Century Black American Spiritualist, Rosicrucian, and Sex Magician*, State University of New York Press: Albany 1997, 104.

选和选择。[1]

一个灵媒甚至声称接触过“委员会”(The Committee):这是由一条线、一个螺旋和一个多维三角形所组成的几何意识![2] 在这115幕令人迷惑的当代场景中,神秘学与科幻小说之间的界限变得前所未有地模糊:只要是人能够想象的东西,就不仅是真实的,而且可以接触和求取信息。结果是通过修习和技巧而获得源源不断的信息流和灵性教导,以改变一个人的意识(从冥想和想象到呼吸技巧再到偶尔使用宗教致幻剂)。

合　一

第七类修习旨在克服分离。在西方神秘学的背景下,与神本身合一也许是边界情况,依赖于在多大程度上愿意扩展领域,以把通常所谓的“神秘主义”修习包括进来。对两者进行比较非常困难,这首先是因为“古典”神秘主义者所报告的经验其实远不只是与神合一,其次是因为神秘主义这个范畴已经非常神学化,以致对它的研究一直受到关于“正确”或“错误”的神秘主义的意识形态影

① Chris Griscom, *Ecstasy is a New Frequency*: *Teachings of the Light Institute*, Simon & Schuster: New York 1987, 82.

② Wouter J. Hanegraaff, *New Age Religion and Western Culture*: *Esotericism in the Mirror of Secular Thought*, SUNY Press: Albany 1998, 23, nt. 2.

响的严重扭曲。[①] 在古典神秘主义者的领域之外,寻求与神的完全合一似乎与少数形而上学极端派(见第四章)本质上相一致。基督教总体上坚称造物主最终迥异于其造物(要求基督作为调解者),这似乎违反了对与神合一作为一个有待实现的目标的着力强调。在更为晚近的神秘学形态中,现代个人主义及其自主自决的价值观几乎不符合灵性自灭(spiritual self-annihilation)的观念,后者认为灵魂就像一滴水,应当力求被"太一"的海洋所"吞没"。另一方面,使问题变得更加复杂的是,关于狂喜状态的神经生物学强烈暗示,合一体验其实是关于改变意识的现象学所固有的,[②]因此可以期待修习者会报告合一体验,不论其神学是否允许。

且不论形而上学极端派,在西方神秘学中占主导地位的泛在神论倾向(见第四章)意味着神往往被视为无形地存在于整个物理宇宙中,因此,克服分离就意味着与那个宇宙在某种意义上合一, 116 而不是与"太一"无宇宙地(acosmic)合一。这并非意味着个体性的毁灭,而是意识到与整个实在密不可分地联系在一起。我们前面引用的《赫尔墨斯秘文集》第十一章 20—22 中的一段话便是一个经典例子;[③]在《赫尔墨斯秘文集》第十三章中,我们读到这种体验是如何通过有意举行入门仪式(包括对学生的身体驱魔)而得到

---

① 参见 Wouter J. Hanegraaff, 'Teaching Experiential Dimensions of Western Esotericism', in William B. Parsons (ed.), *Teaching Mysticism*, Oxford University Press: Oxford/New York 2011, 154—169,这里是 154—158。

② Colleen Shantz, *Paul in Ecstasy: The Neurobiology of the Apostle's Life and Thought*, Cambridge University Press: Cambridge 2009, 79—87 对此作了出色的概述(主要讨论了 Eugene d'Aquili 和 Andrew Newberg 的工作)。

③ 参见第四章,pp. 78—79。

诱导的。[①] 这里的驱魔其实是一种治疗技术，使学生免受阻碍其灵性进步的身体“折磨”（也就是说，它参与了我们的类别4和类别5，并通过类别6“接触”来起作用）。由此产生的与“万有”合一的体验散见于古往今来的西方神秘学文献。例如，超个人心理学家(transpersonal psychologist)琼·休斯敦(Jean Houston)在1982年出版了一本增强体能、智力和创造力的实用修习教科书（类别3），概述了她自己年轻时与宇宙合一的体验以及最终可能获得的那种意识：

> ……突然间，钥匙转动，通往宇宙的门打开了。我没有看到或听到任何不寻常的事物。没有异象，没有光的爆发。世界依然如故。但我周围的一切事物，包括我自己，都进入了意义。每一个事物……都成了统一体的一部分，这是一部灿烂辉煌的交响共振，宇宙的每一个部分都是任何其他部分的一部分并且照亮了后者。……每一个事物都很重要。没有什么东西是陌生、不相干或遥远的。最远的星星就在隔壁，最深的奥秘被洞悉。在我看来，仿佛自己无所不知。在我看来，我仿佛就是一切。[②]

---

① Wouter J. Hanegraaff, 'Altered States of Knowledge: The Attainment of Gnōsis in the Hermetica', *The International Journal of the Platonic Tradition* 2 (2008), 128—163，这里是146—148。

② Jean Houston, *The Possible Human: A Course for Extending your Physical, Mental, and Creative Abilities*, J. P. Tarcher: Los Angeles 1982, 186.

快　　乐

第八类修习不是实现目的的手段，而是目的本身。换句话说，从事这些修习不一定是为了得到某种东西（权力、知识、扩增的能力、治疗、灵性的进步、接触看不见的实体、与神或宇宙合一），而仅仅是因为喜欢修习。这里与其他类别当然也有一定程度的重叠：例如，一个人幸福的增长或者注意到现在能做一些以前做不了的事情（类别 3）是令人愉快的，一如成功地修习琼·休斯敦的技巧可能会带来同宇宙合一的体验。但除了所有这一切，修习本身也可能是一种快乐。

117

这个类别的主要例子是仪式。诚然，共济会会员据说是通过一连串入门仪式而取得"进步"的，但其中许多人无疑只是乐于在"严肃剧"中作仪式性的化装打扮，在一种精心制作的仪式戏剧中扮演规定好的角色。暂时逃脱正常社会及其制约因素可能会进一步增进快乐：一个人即使在普通社会中工作卑贱，穷极无聊，也完全可能在共济会的组织内取得社会上（除了灵性上的）的进步，成为共济会全体会员中一个备受尊敬的重要人物。例如，光照派让-巴蒂斯特·维莱莫（Jean-Baptiste Willermoz）做的是丝绸生意，但因组织管理才能出众，他成为当时共济会这个平行宇宙中最为强大和最具影响力的人之一。[①]

① Alice Joly, *Un mystique Lyonnais et les secrets de la Franc-Maçonnerie: Jean-Baptiste Willermoz, 1730—1824* (1938), éditions Télètes: Paris n. d.

如作适当变动，共济会的情况也适用于无数其他神秘学组织及其在现当代社会中出现的仪式系统。在被称为“异端宗教环境”的更一般的语境中，其各自的社交活动和集体仪式使之变得类似。例如，当代威卡教或其他异教形态的参与者往往会强调：置身于志同道合者当中，享有相同的基本世界观和价值观，举行仪式来表达和增强集体感和对共同目标的认同感，这种感觉非常美好。一起唱歌跳舞是一种快乐，许多现代女巫都承认，甚至连祈请神灵也可以很有趣。

如前面所强调的，根据八种基本类别对修习的这种讨论仅仅是一次初步尝试，旨在描述人们在西方神秘学的语境下所做的纷繁复杂的事情。所列的例子远非完备，绝对需要作更多研究。从一种学术角度来看，更详细地研究神秘学修习可以大大拓展和改变我们对西方文化中“宗教”的传统理解。如前所述，这些修习中有许多都曾被归入“魔法”这个人为的特殊范畴，以使之区别于据说更为严肃可敬的宗教崇拜形式。如果将这种区分斥为规范的和误导的，我们就会发现，过去常被视为魔法的许多东西也可以被视为宗教（或被视为科学或自然哲学），而过去常被视为宗教的东西则似乎充满了这些类型的修习。

第七章　现代化

119

在前面三章，我们一直在考察属于西方神秘学范畴的历史潮流、观念和修习之间的一般特征或结构共性。在本章，我们将通过考察不连续性和差异来强调事情的另一面。这本质上意味着关注历史性，反对把西方神秘学看成某种普遍的世界观或灵性观点，后者基于不太受历史影响的普遍的“永久真理”。我们将通过通常所谓的“现代化”过程（包括以“世俗化”和“除魔”等术语而为我们所知的与之密切相关的过程）来认识不连续性和差异的重要性，因为“现代化”过程是关于不可逆的深刻变化过程的最具戏剧性的例子。但在聚焦于西方神秘学的现代化（这是该研究领域的重心）之前，我们先要对历史性问题本身作出更仔细的考察。它何以成为一个问题？为什么连许多自称研究神秘学（和一般宗教）的“历史学家”也如此强烈地反对它？

历史与真理

120

第一个原因很简单：对宗教信仰威胁最大的可能莫过于编史学实践。要想评价信徒的说法，能够提供“最硬”证据和最尖锐批评的不是自然科学，而是对据说“更软”的人文学科中的历史文献进行认真研究。哲学理性主义者和自然科学家们已经设想了种种复杂的策略来反驳或捍卫对神的信仰,这些争论似乎尚无结束的迹象。但批判性的编史学和文献学研究的结论往往是最终的和决定性的;在许多情况下,有了这些结论,再想坚持对特定宗教传统的基本信念,就必须牺牲一个人的理智。[①] 圣经研究等主流领域是如此,西方神秘学也是如此。最著名的例子与确定《赫尔墨斯秘文集》的年代有关。在整个15、16世纪,它都被认为源于最古老从而最权威的古埃及智慧,因此在"古代神学"或"长青哲学"的信徒中获得了一种近乎于"圣经"的地位。但1600年以前已经有人开始质疑它是否是古代的;1614年,基于严格的语言学证据,伟大的文献学家和校勘学家伊萨克·卡索邦(Isaac Casaubon)最终表明,《赫尔墨斯秘文集》不可能早于基督纪元之初。[②] 对于文艺复兴时期赫尔墨斯主义的思想可靠性来说,这不啻为沉重一击,再也没有使之真正恢复。这是一个极佳的例子,表明宏大的记忆史叙事及其关于普遍意义和永久真理的深远意涵,有时会被关注文本细节的严格的编史学研究所摧毁。

反抗历史性的第二个原因更具一般性。"二战"后,爱诺思会

---

① 关于"理智牺牲"概念,参见 Max Weber, 'Wissenschaft als Beruf', in Max Weber, *Wissenschaft als Beruf 1917/1919*, *Politik als Beruf 1919* (Wolfgang J. Mommsen and Wolfgang Schluchter, eds), J. C. B. Mohr (Paul Siebeck): Tübingen 1994, 1—23。

② Martin Mulsow (ed.), *Das Ende des Hermetismus: Historische Kritik und neue Naturphilosophie in der Spätrenaissance. Dokumentation und Analyse der Debatte um die Datierung der hermetischen Schriften von Genebrard bis Casaubon (1567—1614)*, Mohr Siebeck: Tübingen 2002.

议创造了西方神秘学的宗教主义研究基础，在此背景下，“历史主义”的破坏性（亦可称为解构性）潜能被视为一个主要议题，该遗产一直影响研究者至今。在伊利亚德或科尔班等学者看来，问题不只是历史发现有时会破坏备受珍视的神秘学信念。在一个更基本的层面上，他们关注的是历史与（形而上学的或神秘学的）真理之间必然对立的关系。他们知道，在严格的历史思考中根深蒂固的相对主义最终会破坏关于人生中某种更深刻的意义或某个更普遍维度的任何信念。[①] 最敏锐地觉察到或最痛苦地体会到这一点的学者莫过于米尔恰·伊利亚德。如果发生的任何事情——无论是历史上最振奋人心的胜利，还是最不幸的悲剧——都可能以不同方式发生，或者根本不发生，那么历史就不再是一个使人类的探索具有意义的带有某种构思或布局的“故事”，而是似乎沦为（用阿诺德·汤因比[Arnold Toynbee]所引述的约翰·梅斯菲尔德[John Masefield]的名言来说）“一件又一件倒霉事”：即一系列显得毫无意义的随机事件，没有任何更深的含义、目标或方向，从虚无开始，以虚无结束，没有任何特殊的原因。伊利亚德称这种虚无主义含义为“历史的恐惧”，并终生与之对抗。“二战”后，他的反历史主义对于在大屠杀、核弹和越南战争等恐惧阴影下长大的一代人来说有巨大意义：历史本身似乎是他们渴望逃离的一场噩梦。

121

伊利亚德所看到的问题是实实在在的，毫不奇怪，在西方神秘学研究中也有不少学者想找到某种解毒剂来对抗历史相对主义。

① Wouter J. Hanegraaff, *Esotericism and the Academy*: *Rejected Knowledge in Western Culture*, Cambridge University Press: Cambridge 2012, 295—314.

其中许多人觉得必定有一只“看不见的手”、某种神意设计、某种目的和方向、某种更高的指导、某种“情节”在为历史事件赋予意义，至少是愿意相信有某种普遍甚至永恒的神秘真理、某种古往今来同样有效的稳定而持久的“传统”在历史和时间的变迁中留存下来。尽管这样的希望和愿望可以理解，但正如所有爱诺思学者都含蓄地承认的，他们在历史学家所能给出的证据中找到的支持很少（其实是找不到支持）。无论我们是否喜欢，都不需要用隐秘的设计或超越于人的影响来解释神秘学潮流和观念是如何出现和发展的：直接的历史解释和说明已经足够。此外，正如我们将会看到的，我们对这些潮流的全部了解都与一种本质上保守的观念相抵触，即存在着一种普遍的传统或不变的神秘学世界观（以及往往被其捍卫者所忽视的隐秘意涵：个体的创造力其实并不重要，应当劝阻原创性）。恰恰相反，我们在西方神秘学史中看到的正是在别处也能看到的东西：和我们没什么两样的人承载着连续不断的、基本无法预测的变化、转变、革新和创造发明，他们不断修改和重新表述自己的思想，以回应各自思想、宗教、文化和社会环境的挑战。倘若有任何神圣存在在这一历史中起着作用，那它必定很好地隐藏了自己。

122

总之，批判性的编史学所蕴含的相对主义和潜在的虚无主义非常现实，我们很容易带着对它们的情绪性抵抗去理解或同情。但尊重证据和论据的力量——或者说尊重明显的真理——是学术的必要条件，无论是否喜欢它所引出的结论，都必须照此行事。此外，如果历史性是有代价的，那么否认它也要付出代价。批判性的编史学和文献学研究不仅是破坏的工具，而且也是从既定权力和盲目权威中解放出来的强大力量：我们摆脱神学教条和教会控制的自由在很大程度上便得益于此。此外，只有面对西方神秘学中变化和创新的证据，我们才能开始意识到其代表人物的创造力和独创性。无论认为他们受到了真正的启发还是欺骗（或两者兼有），他们至少——有时要付出从受人嘲笑到死亡的巨大个人代价——敢于独立思考，走自己的路。

在本章的其余部分，我们将不会重新考察西方神秘学所经历的所有历史转变，因为第二、三章已经大致作了概述。我们的故事开始于古代晚期"异教的"希腊化文化，但其复杂的后续发展缘于一连串新事件的影响。若将这些事件极不完整地列出来，将至少包括：基督教的兴起；神学与异教偶像崇拜和其他"迷信"的斗争；自然科学在中世纪伊斯兰世界的繁荣；唯名论的兴起等哲学创新；伊斯兰的扩张和将犹太人逐出西班牙等政治因素；意大利人文主义等思想文化上的新发展；印刷术的出现；宗教改革与新教教派主义的来临；地理大发现和邂逅非西方文化；斯宾诺莎主义、笛卡尔主义和康德主义等全新的哲学；科学革命；启蒙运动和法国大革命；教会与国家的分离导致一种"宗教超市"；工业化与技术扩张；文学、艺术、哲学和宗教中的浪漫主义；殖民主义与发现东方的文化和宗教；历史意识的兴起与进化论哲学；妇女解放；学术心理学的兴起；人类学这门新学科对"原始"文化的研究；反犹主义和政治极权主义的恐怖；新自由市场资本主义和全球化的支配地位；最近信息技术、虚拟现实和互联网的兴起。其中每一项创新（再次强调，这张清单是不完整的！）都对西方神秘学产生了重大影响，其新的形态和方向无法预测。即使没有任何额外的论据，单凭这一事

123

实也应放弃任何关于普遍的神秘学或恒定传统的想法。

但即使变化和转变一直是常态，一些革命也比另一些更激进。正如我们在第一章中看到的，复杂的"现代化"过程（包含以上列出的一系列转变）一般会作为最具决定性的而予以特别注意。因此，一些学者会把"神秘学"定义为前现代附魔的原型，另一些学者把它看成一种本质上现代的现象，而其他人则似乎认为"神秘学"是一种逃离现代世界、契入一种不受时间影响的精神实在的途径。在本章的其余部分，我们会更仔细地考察一下前现代和现代早期的神秘学形态让位于现代甚至后现代神秘学形态的历史转变过程。

124

联应和因果性

第一项转变与世界或宇宙如何运作有关。在前启蒙时期，我们可以区分三种不同的观点。第一种观点把宇宙看成一个宏伟的和谐有机整体，其中所有部分都彼此联应，无需中介环节或因果链。普罗提诺对此作了经典论述：

> 整个宇宙处于一种交感状态，如同一个活物；相距遥远的东西其实很近，正如一个活物的指甲、头角、手指或并非相邻的肢体部分。远处的东西会受到影响，虽然感觉不到两者之间有什么东西；因为相似的事物并非彼此临近，而是被不同的事物分开，但因其相似性又受到相同的影响，因此一部分所产生的影响必定会抵达远处的另一部分。既然它是一个活物，

各个部分都属于一个统一体，那么属于这个活物的部分无论距离多么遥远，都足以相互交感。[①]

基于内在相似性(*similitudo*)，即使是宇宙最偏远的部分也可以通过一种秘密的交感彼此联应。这种观念极为普遍，费弗尔已经强调它是西方神秘学的第一个内在特征。这种"联应"概念与"类比思维"(analogical thinking)、"关联思维"(correlative thinking)、"相似"(ressemblance)、"征象"(signatures)、"分有"(participation)或"共时性"(synchronicity)等类似概念密不可分。[②] 它往往被认为对于文艺复兴时期的世界观至关重要，[③]但"隐秘知识"的批判却强调它是魔法迷信的本质。[④]

除了整体论的联应世界观，第二种观点可见于从菲奇诺开始的许多文艺复兴时期的作者。这种观点假设，宇宙的不同部分即使相距遥远，也会通过所谓的"隐秘因果性"(occult causality)在事

① Plotinus, *Ennead* Ⅳ. 4. 32 (比较Ⅳ. 4. 41—2).

② Hanegraaff, *Esotericism and the Academy*, 189—191 with note 139; 294—295.

③ 例如 Eugenio Garin, *Medioevo e rinascimento*: *Studi ericerche*, Gius. Laterza & Figli: Bari 1954, 154 (English trans. In Hanegraaff, *Esotericism and the Academy*, 330); Michel Foucault, *Les mots et les choses*: *Une archéologie des sciences humaines*, Gallimard: Paris 1966, ch. 2 ('La prose du monde').

④ Brian Vickers, 'On the Function of Analogy in the Occult', in Ingrid Merkel and Allen G. Debus, *Hermeticism and the Renaissance*: *Intellectual History and the Occult in Early Modern Europe*, Folger Books: Washington/London/Toronto 1988, 265—292.

125 实上相互影响。[1] 这方面的一个经典案例是中世纪伊斯兰哲学家金迪(al-Kindi)关于宇宙万物都会发出不可见的"射线"的学说。[2]菲奇诺用金迪的工作来解释星辰的影响,还假定存在着一种宇宙"精气"(*spiritus*),这是一种精细的物质或看不见的流体,被认为弥漫于整个宇宙。据称这是"一种非常稀薄的东西,仿佛时而是没有身体的灵魂,时而是没有灵魂的身体",[3]它可以作为理想媒介来解释无法用可见的或物质的因果链来解释的各种因果关联(无论涉及身体、灵魂还是这两者)。这便引出了第三种观点,这里称之为"工具因果性"。其最基本的形式就是我们所熟知的"机械"模型或台球模型,即一个事物通过可证实和可预测的物质因果链来影响另一个事物。随着科学从原先的牛顿基础发展到相对论、量子力学或弦理论等新观点,这种模型显然已经沿着极为复杂的新方向发展了,但并未牺牲其基本假设:必定可将万事万物解释成是由物质原因按照严格的自然定律所引起的,这些定律和原理必定原则上可以为人的心智所发现。

所有这三种模型都有古典传统的深刻根源,在18世纪之前被学者们广泛谈论。它们往往以令人困惑的方式混合在一起,比如同一位作者可能既用工具因果性或隐秘因果性又用联应来解释世界。但随着科学革命的力量不断积聚,反对意见变得强硬起来:联

---

① Carol V. Kaske and John R. Clark, 'Introduction', in Marsilio Ficino, *Three Books of Life*, Medieval & Renaissance Texts & Studies/Renaissance Society of America: Binghamton, New York 1989, 1—90,这里是48—53。

② Pinella Travaglia, *Magic, Causality and Intentionality: The Doctrine of Rays in al-Kindī*, Sismel-Edizioni del Galluzzo: Florence 1999.

③ Ficino, *De Vita* Ⅲ. 3. 31—33 (Kaske and Clarke, eds), 256—257.

应和隐秘因果性正在发起一场失败的战斗，献身宗教的科学家们开始意识到“神秘而不可测的力量”（如马克斯·韦伯著名的除魔论题所说①）的消失可能严重威胁对世界上任何神灵的信仰。伊曼努尔·斯威登堡便是一个典型的例子。他那极具影响力的联应理论与普罗提诺的模型非常不同：它不再充当工具因果性的替代品，倒是可以保存工具因果性，而不必牺牲对精神实在的信仰。它认为精神世界与一个符合后笛卡尔主义（post-Cartesian）物理学定律的物质世界完全分离，但又与之完全同步。并没有什么隐秘的力量或影响将这个精神世界与它的物质对应联系起来，但后者中的一切都反映了或对应于前者，因为神就是如此规定的。斯威登堡的世界观常常被称为卡巴拉等前现代神秘学形态的延续，但这是错误的；②恰恰相反，它基于当时最好的科学作了创造性的背离，是神秘学革新的出色范例。事实证明，它极具影响力。从19世纪开始，关于实在有两个“分离但有关联的层面”的基本观念已经成为唯灵论和隐秘学的一个基本假设，因为（正如在斯威登堡那

126

① Weber, ‘Wissenschaft als Beruf’, 9.

② Wouter J. Hanegraaff, *Swedenborg, Oetinger, Kant: Three Perspectives on the Secrets of Heaven*, The Swedenborg Foundation: West Chester 2007；关于卡巴拉主义解释，参见 Wouter J. Hanegraaff, ‘Emanuel Swedenborg, the Jews, and Jewish Traditions’, in Peter Schäfer and Irina Wandrey (eds), *Reuchlin und seine Erben: Forscher, Denker, Ideologen und Spinner*, Jan Thorbecke: Ostfildern 2005, 135—154。从 Friedemann Stengel, *Aufklärung bis zum Himmel: Emanuel Swedenborg im Kontext der Theologie und Philosophie des 18. Jahrhunderts*, Mohr Siebeck: Tübingen 2011 这项全面的研究中可以引出本质上相同的结论。

里)它保护精神实体免遭科学的证伪和除魔。[1] 我们这里讨论的并不是普罗提诺的或文艺复兴时期联应的整体论宇宙,而是一种本质上二元论的概念(部分仿照笛卡尔的二元论,但也部分仿照康德关于本体世界与现象世界的区分)。

从18世纪开始,工具因果性模型被广泛认为更加优越,并以一种通常被称为"实证主义"的思想氛围而达到顶点,传统的隐秘因果性模型或联应模型渐渐被视为不科学和迷信。但需要指出的是,对于这项转变的性质,特别是关于隐秘因果性,我们应保持谨慎。与常见的看法相反,新科学所拒斥的与其说是传统的隐秘性质(*qualitates occultae*)概念,不如说是一个假定,即这些性质根据定义就是"隐秘的"和不可知的:新科学有志于将隐秘性质从尤利乌斯·凯撒·斯卡利格(Julius Caesar Scaliger)著名的"无知的庇护"中带离,使之成为真正的科学研究对象。[2] 最终,重力、磁力或静电现象等隐秘力量的传统例子已成为科学理论和技术实践的正常组成部分:每当我们使用手机或看电视的时候,我们都在通过电磁波这种看不见的媒介进行连接,而电磁波肯定会被启蒙运动之前的人视为隐秘之物。除了这些成功的案例,关于隐秘因果性的其他说法过了很长时间才失去了科学威信。各种"以太"理论尤其如此,直到20世纪,它们仍然是主流科学理论的组成部分。许多"以太"理论已在回顾中被清除出历史书籍,相对论和量子力学等

127

① Tanya Luhrmann, *Persuasions of the Witch's Craft: Ritual Magic in Contemporary England*, Harvard University Press: Cambridge, MA1989, 274—282.

② Keith Hutchison, 'What happened to Occult Qualities in the Scientific Revolution?' *Isis* 73 (1982), 233—253.

理论成功出现之后则被彻底扫入“隐秘之物”的垃圾箱。[①] 但在此之前，它们可以充当精神与物质之间的一种可渗透的媒介，从而也能在宗教关切与科学关切之间进行调解。

然而，还有一些关于隐秘因果性的说法，比如传心术或超距治疗，却从未在主流科学中成功立足，它们被广泛归于非科学的隐秘知识领域并被斥为迷信。原因在于，与磁力或电力等隐秘力量不同，这些东西无法满足实验的可重复性这一基本要求，无论是它们的实际发生还是一种相关因果媒介的存在性都无法得到决定性的证明。这种主流看法在19世纪就已经引发了一种反应，即所谓的通灵研究(psychical research)或超心理学(parapsychology)。它的一些代表人物曾试图证明这些“反常”现象的确发生过，而且可以通过已知的工具因果性机制来解释。另一些人则承认，无论是现象、机制还是两者，都很难或不可能以那些方式得到决定性的证明，但主张它们是现实，因此要求扩展我们目前的科学模型。比如英国生物学家鲁珀特·谢尔德雷克(Rupert Sheldrake)最近提出了一种“形态共振”(morphic resonance)理论，假定存在着“形态场”，而它明显属于隐秘因果性范畴。[②] 卡尔·古斯塔夫·荣格与诺贝尔物理学奖获得者沃尔夫冈·泡利合作提出的共时性理论也

① Egil Asprem, ‘Pondering Imponderables: Occultism in the Mirror of Late Classical Physics’, *Aries* 11:2 (2011), 129—165.

② Fraser Watts, ‘Morphic Fields and Extended Mind: An Examination of the Theoretical Concepts of Rupert Sheldrake’, *Journal of Consciousness Studies* 18, nrs. 11—12 (2011), 203—224.

许是最著名的联应模型复兴案例，[1]现在已经有人通过诉诸高等量子力学为它进行辩护。

关于本章的基本论点，即历史不连续性和创新在西方神秘学史中的重要性，必须强调指出，自启蒙运动以来工具因果性的主导地位已经导致每每有人尝试通过提出新的自然哲学来避免其唯物论和还原论含义。[2] 现代科学的社会话语权是如此强大，以致无论在神秘学的语境下还是在其他地方，这种话语权本身都几乎从未被拒斥：不是提出激进的方案要回到一种前现代的世界观，而是尝试在工具因果性、隐秘因果性和联应（且不说被归因于灵魂或“生命力”等概念的自发能动性）这些相互冲突的选项之间达成某种复杂妥协。促使这些人提出这些方案的是一种宗教或精神上的紧迫感，因为他们感到若是找不到解决方案，人类将被遣入一个彻底除魔的世界；然而，很难在不牺牲自己理智的情况下找到解决方案，这仍然是创造性和概念创新的动力。如果不考虑这些概念上的挣扎，就不可能理解启蒙运动之后西方神秘学中发生的很多事情。

128

不断扩展的宗教视野

第二项关键转变与西方神秘学的宗教文化视野有关。大体而

---

① Carl Gustav Jung and Wolfgang Pauli, *The Interpretation of Nature and the Psyche*, Pantheon Books: New York 1955.

② Wouter J. Hanegraaff, *New Age Religion and Western Culture: Esotericism in the Mirror of Secular Thought*, SUNY Press: Albany 1998, 62—70.

言，在18世纪之前，西方神秘学的所有形态就其宗教假设而言都是纯粹基督教的：虽然很多人都相信从埃及人赫尔墨斯或波斯的琐罗亚斯德等东方圣贤那里传承下来的古代智慧，但这并不意味着异教的优越性，而是本着这样一种想法，即这些异教来源已经受到神的道的启发，因此与基督教教义至为和谐。[①] 尽管有一些对印度教婆罗门的模糊提及，但柏拉图主义东方学的视野并未超越我们现在理解的中东。当传教士等旅行者邂逅遥远大陆的宗教修习时，无论在非洲、亚洲还是美洲，他们通常会认为这些东西不过是偶像崇拜和异教的谬误罢了，肯定不会视其为对基督教启示的严肃替代。

随着基督教会在18世纪逐渐式微，情况就开始改变了，此时西方学者开始对旧世界边界之外浩瀚的宗教文献感到好奇。随之而来的革命被正确地称为一场“新的文艺复兴”。在15世纪文艺复兴时期的意大利，人文主义者们一直在钻研古希腊罗马的文献，包括与“柏拉图主义东方学”有关的新发现的抄本；但是现在，随着一批新的古代文本重见天日，学者们开始将“东方智慧”的源头继续向东推进。这始于安格提勒-杜佩隆（Abraham Hyacinthe Anquetil-Duperron）的开创性工作，他于18世纪50年代去了印度，带回了大量阿维斯陀语、中古波斯语和梵语手稿。正如雷蒙德·施瓦布（Raymond Schwab）在其权威著作《东方文艺复兴》（*The Oriental Renaissance*）中所说，

129

① Hanegraaff, *Esotericism and the Academy*, 5—76.

> 通过翻译《奥义书》，[安格提勒]在人类精神的两个半球之间掘出一条地峡，将旧的人文主义从地中海盆地解放了出来。……在他之前，我们只能通过拉丁、希腊、犹太和阿拉伯作家的文献来了解地球的遥远过去。《圣经》就像一块孤立的岩石、一块陨石。人们相信这一文本包含了整个宇宙；似乎没有人想象过无限广袤的未知领域。……他将无数古老文明和大量文献掷入我们的学校，时至今日，这些学校还将大门傲慢地关闭在希腊-拉丁文艺复兴的狭隘遗产背后。①

比较宗教研究在19世纪发展成一门与古代东方语言研究紧密交织在一起的新学科，产生出一个关于共同的“印—欧”文化语言母体的被广泛接受的范式，这可以用专业比较语文学方法加以阐明。②

激起这新的一波对远东古代宗教之迷恋的既有浪漫主义，又有启蒙运动的关切和议程。理性主义怀疑论者和反基督教的自由至上主义者提出激进的神话理论和象征理论，认为包括基督教在内的所有形态的宗教并非源于神的启示，而是源于导向自然力量尤其是太阳（“太阳崇拜”）和性器官（“阳具崇拜”）的原始仪式。他们指出，太阳和性的象征主义遗存仍然随处可见，无论在印度的宗

130

① Raymond Schwab, *The Oriental Renaissance: Europe's Rediscovery of India and the East, 1680—1880*, Columbia University Press: New York 1984, 6.

② 例如 Eric J. Sharpe, *Comparative Religion: A History*, Duckworth: London 1986; Hans G. Kippenberg, *Discovering Religious History in the Modern Age*, Princeton University Press: Princeton 2002。

教中还是在基督教中。[①] 而浪漫派则被东方宗教丰富的神话和象征含义及其神秘渴望深深地打动。弗里德里希·施莱格尔(Friedrich Schlegel)的《印度人的语言和智慧》(*Über die Sprache und Weisheit derIndier*,1808)出版之后,印度教渐渐被理想化为古代的一种高贵传统,其基础是西方人需要努力学习的一种普遍灵性智慧。佛教被欧洲人发现则需要更长时间:直到19世纪中叶,佛教仍然被视为一种"悲观的否定宗教",[②]但随着埃德温·阿诺德(Edwin Arnold)爵士的《亚洲之光》(*The Light of Asia*,1879)和"密宗"(esoteric Buddhism)神智学观念的大为流行,佛教成为欧洲人和美国人的一个灵感来源。

关于宗教、神话和古代语言的比较研究在19世纪的这种巨大扩张以及大众对远东宗教的愈发迷恋,都是在欧洲帝国主义和殖民主义所主导的政治经济背景下发生的。在爱德华·萨义德(Edward Said)所提出的东方学想象的复杂辩证法中,西方人通过或隐或显地提到东方"他者"来界定自己的身份。于是,可以用"东方心灵"的被动或淫荡等负面的刻板印象来暗示欧洲态度和价值观的优越性,但也可以用东方学来批评后者,特别是通过把印度这样的国家称为永恒智慧的家园,并将它与基督教正统的狭隘及其对罪的痴迷或者现代世俗进步观念的浅陋进行对比。

如果想理解19世纪最具影响的神秘学运动——现代神智学,

---

① Joscelyn Godwin, *The Theosophical Enlightenment*, State University of New York Press: Albany 1994, esp. chapters 1—4.

② Joscelyn Godwin, *The Theosophical Enlightenment*, State University of New York Press: Albany 1994, 266.

那么比较宗教研究、印—欧模型、关于阳具崇拜和太阳崇拜的描述性神话学理论、印度作为古代智慧和更高灵性的家园、东方学的辩证法等所有要素都至关重要。[①] 它远非其追随者所谓的"古代智慧的复兴"，[②]而是在19世纪典型关切的基础上所作的全新综合。通过采用和整合此前从未属于西方神秘学的来自印度宗教的术语和概念("业"的概念便是一个特别明显的例子)，神智学成为一种宗教创新力量，在很大程度上为20世纪的神秘学奠定了重要基础。不过，神智学虽然可能是该领域中"东方化"的最明显例子，但绝非唯一的例子。例如在美国，超验主义成为东方灵性与后来西方神秘学发展之间的一个重要调解者。[③] 如果没有神智学以及深深地得益于超验主义文化的美国"形而上学宗教"，[④]就很难想象20世纪60年代的"转向东方"以及由此产生的新时代运动。

131

印度也许特别受欢迎，但20世纪以来的神秘学读者也采用和整合了其他亚洲传统中的要素，并且作了重新诠释和包装。比如荣格所引领的中国《易经》流行时尚，或者铃木大拙(D. T. Suzuki)所启发的日本禅宗(请注意，荣格和铃木大拙都属于爱诺思学圈，战后的神秘学大都源于这个重要的学术熔炉)。此外，随着世界各地成为神秘学灵感的潜在来源，西方神秘学中的东方化过程背后

---

① 特别参见 Godwin, *Theosophical Enlightenment*。

② 例如 Bruce F. Campbell, *Ancient Wisdom Revived: A History of the Theosophical Movement*, University of California Press: Berkeley/Los Angeles/London 1980。

③ Arthur Versluis, *American Transcendentalism and Asian Religions*, Oxford University Press: Oxford/New York 1993.

④ Catherine L. Albanese, *A Republic of Mind and Spirit: A Cultural History of American Metaphysical Religion*, Yale University Press: New Haven & London 2007.

乃是全球化过程。有趣的是，非洲宗教对西方神秘学的影响仍然非常有限，我们不禁会认为这与种族问题有关：战后神秘学"异端宗教环境"的参与者始终以白人为主。相比之下，自20世纪60年代以来，美国本土的灵性和拉丁美洲的"萨满教"已经成为导向神秘学创新的重要因素。两者都被视为建立在对自然奥秘深刻了解基础上的"智慧传统"，而且都对或可称为"宗教致幻神秘学"的另一个创新潮流至关重要：[①]使用对神经起特殊作用的天然物质（特别是仙人掌、死藤水、西洛西宾蕈类），以在西方神秘学传统与本土传统之间的"新萨满教"混合的背景下追求"更高知识"。

最后，既已将视野从基督教的欧洲扩展到神秘的东方，并且最终达于世界的其他地方，神秘学想象已经开始把目光投向更远的地方。在早期阶段，东方神话般的魅力反映了对"导向"的关切：[②]这个词的含义本身就表明需要参照某个作为"他者"的中心或起源（这里是指神圣的或精神的事物）来界定自己的位置。对欧洲人来说，这是东方（Orient），"导向"（orientation）一词便源于此。但随着地球的所有其他地方都得到标示和勘察，从而在此过程中不可避免地失去了大部分神秘感，即使是熟悉谷歌地球的一代人也可能会感到需要找到一个精神上的他者作为中心，以免"迷失方向"。于是我们完全合乎逻辑地看到，在部分受到科幻小说影响的许多当代神秘学猜想中，最终的智慧来源往往被定位于宇宙中其他某个物理位

132

---

① Wouter J. Hanegraaff, 'Entheogenic Esotericism', in Egil Asprem and Kenneth Granholm (eds), *Contemporary Esotericism*, Equinox: Sheffield 2012, 392—409.

② Jeffrey J. Kripal, *Mutants & Mystics: Science Fiction, Superhero Comics, and the Paranormal*, University of Chicago Press: Chicago and London 2011, 31—69.

置，这以天狼星和昴宿星团最为流行。神秘学简直是突飞猛进！

进 化

第三项关键转变与涉及人类命运的时间和历史的概念化有关。经由进化实现精神上的进步，这种观念是我们今天非常熟悉的，但在18世纪之前它还不存在。与此相反，就神秘学而言，占主导地位的“古代神学”模型蕴含着一个从完美真理和智慧的原初状态退化的过程，“长青哲学”观念则强调不能指望有什么新东西，因为真理永远在那里。我们在第四章中指出，进化作为一个在历史中发生并且经由历史而发生的精神过程也许得益于“炼金术范式”，基督教神智学等流行思潮使“炼金术范式”为浪漫主义者和德国唯心论哲学家所知。另一种并不一定与之冲突的解释则将进化论的诞生与“柏拉图主义范式”联系在一起。在关于柏拉图主义“存在的巨链”的那部经典研究中，拉夫乔伊强调了“丰饶”(plenitude)这一基本的传统观念，即认为每一个可能存在的事物必定实际存在于宏伟的宇宙等级结构中的某处。拉夫乔伊解释说，在18世纪，这条存在的巨链开始通过时间性来理解：“一些人渐渐把形态的丰

133 饶(*plenum formarum*)设想为自然的程序计划，而不是自然的目录清单，该程序计划正在宇宙的历史中极为缓慢地逐步实现。”①从此以后，宇宙和谐和宇宙秩序的静态模型便让位于一个逐渐展开的动态模型。这最终引出了一种进化发展学说，认为新的高级

① Arthur O. Lovejoy, *The Great Chain of Being: A Study of the History of an Idea*, Harvard University Press: Cambridge, MA/London 1964, 242—287，这里是244。

现象从低级现象中有机有序地显现出来,并以某种隐藏的目的论设计或神意设计为指导。

这些进化模型由谢林和黑格尔等德国唯心论者所提出,并为法、英、美等其他许多国家的浪漫主义诗人和哲学家所采用和普及。[①] 对于那些为"历史意义"而烦恼(特别是因为基督教关于堕落和救赎的故事正变得不再可信)并且对精神发展的观念开始感兴趣的人而言,很容易将达尔文的生物进化理论整合到这样一个更大的框架中:这个新的超级故事说,生命在漫长的时间里一直在展开,从最低和最简单的有机体上升到人类诞生,而这又引出了进一步的进化,即从"低等种族"的原始意识走向现代西方人高度文明的意识。在上一节所讲到的更大的殖民主义框架中,关于"原始文化"的人类学理论似乎进一步支持了这些想法:人类学的奠基人爱德华·伯内特·泰勒以及詹姆斯·弗雷泽在他极为流行的《金枝》(*Golden Bough*,1900)中,都清楚地描述了人类文明从"魔法"经由"宗教"上升到现代"科学"的进步。所有这些进化理论都基于一种明显种族中心主义的自信假设,即现代西方文明的白人中高阶层及其思想文化成就处于进化过程的巅峰。问题是,我们下一步要去哪里。众所周知,黑格尔认为使精神逐渐自我实现的历史进程在他自己的哲学中达到了最高阶段;但他之后的许多思想家都设想了一个探入未来的持续进化过程,经由这个过程,人类意识

---

① Frederick William Conner, *Cosmic Optimism*: *A Study of the Interpretation of Evolution by American Poets from Emerson to Robinson*, University of Florida Press: Gainesville 1949.

134 将会发展出越来越高的神一样的能力和更高的精神理解水平。

德国浪漫主义进化模型与当时人类发展与进步的观念密切相关，比如在莱辛著名的《人类的教育》(*Education of the Human-Race*，1777—1780)中，历史是关于人类如何在上帝(当然是以父亲的角色)神意的指导下从童年走向成熟的故事。和另一位极具影响力的18世纪作者约翰·戈特弗里德·赫尔德(Johann Gottfried Herder)一样，他们都倾向于通过一个接一个"民族"的成就来描写历史。所有这些倾向都汇集到提洛尔的医生和催眠师约瑟夫·安内莫泽的工作中：他的巨著《魔法史》(*Geschichte der Magie*，1844)堪称德国浪漫主义传统中神秘进化论编史学的典范。[1] 它也深刻影响了布拉瓦茨基，后者的神智学体系无疑是不仅显示了"东方化"和比较宗教对神秘学的影响(见上节)，而且也显示了进化论之广泛影响的最重要的19世纪例子。布拉瓦茨基提出了一种雄心勃勃的进化宇宙论，充分引用了当时的科学理论，其基础是七个"根种族"(root races，其中每一个又可以细分为七个亚种)的概念，代表着人类在地球上精神进步的各个阶段。与安内莫泽对"日耳曼民族"的强调完全一致，布拉瓦茨基声称，我们现已进化到第五个根种族即"雅利安"的第五个亚种即"条顿人"。关于古代智慧的许多传统"东方学"叙事都被布拉瓦茨基整合到这第五个根种族的历史中：以前的亚种是"印度人"、"阿拉伯人"、"波斯人"和"凯尔特人"，下一个亚种即"澳美人"(Australo-American)将在21世纪开始接管。

最后，在现当代神秘学的背景下，对人类历史的进化论想象与

① Hanegraaff, *Esotericism and the Academy*, 266—277.

关于死后精神进步的观念密切关联在一起。令许多读者感到惊讶的是，莱辛在其关于人类教育的著作（见上）的最后提到了转世，不过这在当时还是一个例外。在 18 世纪之前，只有乔尔达诺·布鲁诺和范·海尔蒙特（Franciscus Mercurius van Helmont，他从毕达哥拉斯主义或卡巴拉主义文献中得知了这一点）等少数几位作者提到过灵魂转世；但即使到了 19 世纪，转世甚至在神秘学圈子里也仍然是一个有争议的话题。① 直到访问印度之后，布拉瓦茨基才在她第二本大作《秘密学说》（*The Secret Doctrine*，1888）中明确支持转世；她最后对转世的辩护与其进化论信念密不可分，她还发现业力是一种关于道德报应的普遍客观的"自然法则"，应当取代基督教关于罪与罚的观念。② 到了 20 世纪，转世已经从一种与神秘学无关的概念变成了神秘学环境下最广为人知的信念之一。在 20 世纪 60 年代以来新时代运动的背景下，转世已发展成为越来越科幻的宇宙论的一条核心假设：作为永无止境的精神进化过程的一部分，人的灵魂穿过无数个宇宙维度，最终远远超越地球和太阳系的边界，进入无限的未来。如果上一节所描述的东方化、全球化和最终的"宇宙化"运动将神秘学的空间范围扩展到最大，那么进化论的出现则将神秘学的时间视域扩展到最大。

135

① Helmut Zander, *Geschichte der Seelenwanderung in Europa: Alternative religiöse Traditionen von der Antike bis Heute*, Wissenschaftliche Buchgesellschaft: Darmstadt 1999.

② Hanegraaff, *New Age Religion*, 470—482.

心理学的影响

第四项转变涉及人的心灵及其与神或超自然事物的关系。人天生就有一种认知神的能力,这是西方神秘学的一个核心信念;我们已经看到,赫尔墨斯主义著作已经包含了一些激进的泛神论建议,暗示如果人的心灵在神之中,那么神本身就在人的心灵之中。不过,占主导地位的倾向始终是朝向一个以神在本体论上的首要性和优越性为基础的等级结构概念,人的灵魂则是来自神圣光明的灵光,渴望回到其最初的来源。随着柏拉图主义和赫尔墨斯主义概念被整合进基督教文化中,神与人的灵魂之间的等级关系被进一步强调。压倒性的看法一直是,神和天使或恶魔等其他灵智都独立存在于我们心灵之外。

136 心理学在19世纪的发展引出了对这一假定的质疑,甚至对等级结构加以颠倒,提出基本实在不是神,而是人的灵魂或心灵。这种趋势并非心理学化所独有,而是与对传统基督教形而上学进行质疑、揭示宗教投射之基本动力的更一般的哲学和神学倾向密切相关。在这方面,路德维希·费尔巴哈(Ludwig Feuerbach)的《基督教的本质》(*Das Wesen des Christentums*,1841)以其“颠倒”或“反转”的基本程序起了至关重要的作用,他最终激进地宣称,“人以自己的形象创造了神”,而不是相反。[1] 费尔巴哈对马克思、尼

---

[1] 参见 Jeffrey J. Kripal, *The Serpent's Gift*: *Gnostic Reflections on the Study of Religion*, University of Chicago Press: Chicago/London 2007, 59—89;提出某种批判性的保留见 Wouter J. Hanegraaff, 'Leaving the Garden (in Search of Religion): Jeffrey J. Kripal's Vision of a Gnostic Study of Religion', *Religion* 38:3 (2008), 259—276,这里是 265—268。

采和弗洛伊德等“怀疑大师”产生了重要影响。那种曾经如此激进的想法，即诸神和其他精神实体也许仅仅是我们自己希望和愿望的心理投射，现已成为今天社会流行的老生常谈。

这些发展也对西方神秘学在19、20世纪的发展产生了极大影响。从催眠术和梦游症开始，人的心灵及其隐藏的潜能成为神秘学修习、思辨和经验研究的一个主要焦点。但随着现代心理学和精神病学从同样的基础中发展出来，相信一种更高灵性实在的传统神秘学世界观与“投射”和“颠倒/反转”机制的还原论含义之间不可避免会产生一种强大张力。在关注自然的“夜面”现象和人类灵魂的浪漫主义催眠术的早期阶段，这种潜能在很大程度上仍然是隐而不显的。例如，人们不太注意一个令人费解的事实：尤斯提努斯·凯尔纳的《普雷福斯特的女预言家》不仅描述了物理的星体和月亮，还描述了灵智和位于她本人内心世界中的神圣本源的奥秘。[①] 但随着梦游描述越来越异乎寻常，比如对“从印度到火星”的无形灵体的细致描述，包括太空旅行以及与灵体和其他行星居民的邂逅，[②]甚至连热衷于神秘学的人也很难对其照单全收。根据神秘学的“调解”倾向（第四章），必须在将这些描述斥为纯粹的错觉与对其照单全收之间找到某种中间位置。正如美国学者杰弗里·科瑞普（Jeffrey J. Kripal）所说，这样一种介于接受与拒斥之 137

① Justinus Kerner, *Die Seherin von Prevorst: Eröffnungen über das innere Leben des Menschen und über das Hereinragen einer Geisterwelt in die unsere*, Reclam: Leipzig n. d., 220—249, esp. 227—228.

② Théodore Flournoy, *From India to the Planet Mars: A Case of Multiple Personality and Imaginary Languages* (orig. 1899), Princeton University Press: Princeton 1994.

间的中间模糊状态对于理解“超自然和神圣”维度在当代宗教意识中如何运作是至关重要的。[①]

自19世纪末以来西方神秘学的逐渐心理学化可以描述为：神圣者的日益心理学化和心理学的日益神圣化。这意味着现当代神秘学中的许多作者和修习者可以看似谈论神圣实在，而实际上意指他们自己的心灵，看似谈论他们自己的心灵，而实际上意指神圣实在。避免“宗教”而青睐“灵性”的常见倾向反映和促进了这种进路。与此密切相关的是从理论或教义的反思（因为需要向持怀疑态度的人证明是正确的）转向对修习的实用强调：最后，对于今天许多神秘学的参与者来说，这些精神实体是否真以某种方式独立于他们的心灵存在着也许已经不太重要，更重要的是联系它们是否管用，亦即通过修习可以得到什么样的个人满足。

心理学化倾向在现当代神秘学中虽然很常见，但肯定并不普遍。问题的要害既不是所有宗教形态都被心理学化从而被自然化，也不是心理学化必然会削弱对某个更大的形而上学实在的信念，毋宁说，心理学的诞生导致了一种新的话语，使得强烈自然化和强烈超自然化这两极之间有可能得到多种解释和协商。例如，我们从维多利亚时代晚期的隐秘主义魔法中已经可以看到明显的心理学化倾向（例如在指导下进行想象的开创性修习），但阿莱斯特·克劳利的秘书伊斯雷尔·雷加蒂（Israel Regardie）进而从一

① Jeffrey J. Kripal, *Authors of the Impossible: The Paranormal and the Sacred*, University of Chicago Press: Chicago/London 2010, 1—35.

种弗洛伊德精神分析的观点去诠释金色黎明会的仪式，而克劳利本人则最终坚持魔法仪式中接触的实体具有独立的形而上学实在性。① 另一个例子是对神秘学在“二战”后的发展产生了极大影响的荣格心理学，它认为集体无意识的“神圣”能量是比人类反思的产物——包括心理学家的理论——更为原初和原本的神秘力量。这意味着心灵的神圣化胜过了往往与弗洛伊德相联系的将神圣的东西心理学化的还原论倾向。最后一个例子（还可以给出其他许多例子）是当代的混沌魔法（Chaos Magic）现象，它利用激进的后结构主义论证，将虚构与现实的区分斥为现代主义的神话。这样一来，宗教“都在心灵中”的主张便失去了它的还原论效力，像自觉召唤（self-conscious evocation）和崇拜自己发明的神（比如洛夫克拉夫特[H. P. Lovecraft]的克苏鲁[Cthulhu]神话中的那些神）等修习就变得与其他任何种类的宗教活动同样合理了。② 这一切在 18 世纪或之前都是无法设想的，但却自然地融入了今天西方人不断变化的宗教意识。

138

宗 教 超 市

最后一项转变缘于自 18 世纪以来的政治经济革命。在欧洲和美国，法律规定教会与国家必须分离，这使得宗教少数派有可能在传统基督教教会以外建立起新的组织或社群。于是，在大大小

① Marco Pasi, ‘Varieties of Magical Experience: Aleister Crowley's Views on Occult Practice’, *Magic, Ritual & Witchcraft* 6:2 (2011), 123—162, esp. 143—160.

② Wouter J. Hanegraaff, ‘Fiction in the Desert of the Real: Lovecraft's Cthulhu Mythos’, *Aries* 7:1 (2007), 85—109.

小宗教的新兴“自由市场”的背景下便出现了一种新的宗教竞争形势，公民扮演宗教消费者的角色，可以按照个人偏好进行自由选择。此外，日益增多的选项并非始终局限于大大小小较为稳定的宗教组织。灵性追求者和消费者的不固定的“异端宗教环境”之所以出现，是因为人们现在在宗教问题上可以做出高度个人的选择，将他们偶然感兴趣的拥有不同来源和传统的信念或修习要素结合在一起，无需投身于某一个群体或组织而排斥其他。

139 在对这种情况进行分析时，不妨对“宗教”、“诸宗教”和“灵性”做出以下区分：

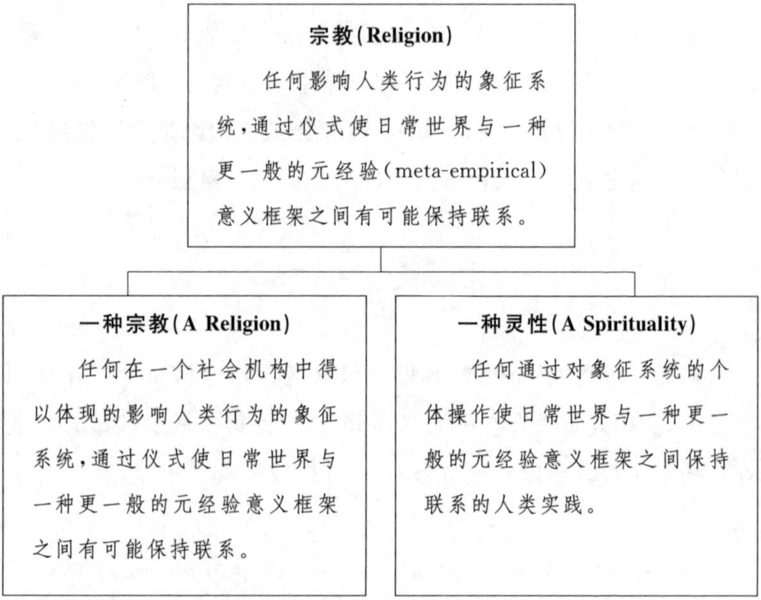

宗教(Religion)

任何影响人类行为的象征系统，通过仪式使日常世界与一种更一般的元经验(meta-empirical)意义框架之间有可能保持联系。

一种宗教(A Religion)

任何在一个社会机构中得以体现的影响人类行为的象征系统，通过仪式使日常世界与一种更一般的元经验意义框架之间有可能保持联系。

一种灵性(A Spirituality)

任何通过对象征系统的个体操作使日常世界与一种更一般的元经验意义框架之间保持联系的人类实践。

这个框架是对人类学家克利福德·格尔茨(Clifford Geertz)

1966年提出的著名宗教定义的进一步发展。[①] 对我们目前的关切而言，关键在于它使我们可以澄清宗教——更具体地说是神秘学——在世俗条件下发生的一项重大转变。所有神秘学系统都是“诸灵性”(spiritualities)的例子：例如，菲奇诺的柏拉图主义基督教或雅各布·波墨的基督教神智学都缘于他们个人对现有象征系统的创造性操纵(在菲奇诺那里主要是柏拉图主义东方学和罗马天主教；在波墨那里主要是帕拉塞尔苏斯主义、炼金术、基督教神秘主义和路德宗神学)。但在教会与国家分离之前，任何这种灵性都必须植根于某种特定的宗教，这里是一种基督宗教：菲奇诺是天主教徒，有着对基督教的独特理解，而波墨则是一个基于《圣经》的路德宗教徒，有着完全不同的解经方式。换句话说，“宗教”(religion)本身采取了“诸宗教”(religions)或诸教会(churches)的形式，宗教的神秘学形态(“诸灵性”)必然内嵌其中。

教会与国家在世俗社会中的分离使这种情况发生了显著变化。神秘学的诸灵性第一次变得有可能脱离有组织的诸宗教，作为完全致力于自己神秘学信仰体系的竞争性组织为自己开店。但更重要的是，现在有一种更激进的观点也开始出现。诸灵性变得 140

① Clifford Geertz, ‘Religion as a Cultural System’, in Michael Banton (ed.), *Anthropological Approaches to the Study of Religion*, Tavistock: London 1966, 1—46. 完整的论点参见 Wouter J. Hanegraaff, ‘Defining Religion in Spite of History’, in Jan G. Platvoet and Arie L. Molendijk (eds), *The Pragmatics of Defining Religion: Contexts, Concepts & Contests*, Brill: Leiden 1999, 337—378；以及 Wouter J. Hanegraaff, ‘New Age Spiritualities as Secular Religion: A Historian's Perspective’, *Social Compass* 46:2 (1999), 145—160 (repr. in Bryan S. Turner [ed.], *Secularization*, vol. 4, Sage: London 2010, 121—136)。

有可能作为没有任何组织结构的完全个体的融合主义形态而存在：独立于任何宗教（虽然仍然可以认作宗教形态！）的诸灵性。宗教社会学家涂尔干在20世纪初已经开始察觉到这种趋向，认为他把宗教理解成一种社会现象与此不符。他提到了"个体为自己确立的、由自己举行仪式的个体宗教"概念，甚至预言这种新的现象也许会成为未来的宗教："就目前而言，许多人也心存疑问：这些个体宗教会不会注定成为宗教生活的最主要形式呢？每个人都可以在自己的内心中自由地进行膜拜，除此之外不再有任何其他膜拜形式——这样一天难道不会到来吗？"[①]虽然宗教组织或"诸教会"实际上仍然是西方社会中的重要因素，但涂尔干的预言大体上是正确的：在"二战"后出现的"灵性超市"的背景下，宗教正是沿着这个彻底个体化的方向得以发展。当代神秘学在很大程度上已经变得完全独立于任何既有宗教（包括神智学会、玫瑰十字会等神秘学宗教），而是表现为临时的（*ad hoc*）灵性形态，这是个体消费者利用在灵性市场上碰巧遇到的东西创造出来的。

因此，通过上述框架，当前的神秘学景观可以由以下三个方面来描述：

（1）神秘学宗教（esoteric religion），即目前可供人们选择的所有神秘学观念和修习的总和；

（2）神秘学诸宗教（esoteric religions），即基于某种特定神秘学学说的大大小小的组织；

---

① Emile Durkheim, *The Elementary Forms of Religious Life* (orig. 1912; Karen E. Fields, trans.), The Free Press: New York 1995, 43—44.

141

(3)神秘学诸灵性(esoteric spiritualities),即个人对神秘学要素和其他要素的混合,并按照宗教消费者个人的需求和兴趣作了调适。

超市的类比非常贴切和有启发性。曾几何时,只有一家或几家大国际公司垄断着宗教食品市场:罗马天主教提供了白色的谷物,路德教提供了棕色的小麦,等等,但可以选择的东西非常有限(而且在很大程度上取决于一个人出生在哪个国家或城市)。不甘寂寞的人也许会添加一些自己的原料,使菜单变得有所不同,但仍然会用人人都在使用的面粉来烤他们的面包。与之形成鲜明对比的是,如今可以在新的宗教超市看到品种多得惊人的食品。其中许多都是现成的消费品:有各种面包可供我们选择(除非愿意,否则我们无需亲自去烤),我们可能很难甚至不可能查明制作它们的原料。多种灵性食物都承诺有益于我们的健康,能够长时间消除饥饿,等等。其中一些食物声称出自质量可靠的老牌公司,另一些则自诩新颖,承诺奇异的味觉感受来吸引顾客。然而,无论这些供应有多么琳琅满目,关键在于,什么时间把什么东西放入购物车均由我们来决定。

与传统上嵌入既有宗教不同,神秘学诸灵性的这种自治化和个体化是一次决定性的创新,已经使西方神秘学彻底改观。没有什么能够逃脱这种曾被称为"异端律令"(heretical imperative,意指希腊词 *haeresis* 的本义:选择)[1]的新现象,因为对于一个人如何

---

① Peter L. Berger, *The Heretical Imperative: Contemporary Possibilities of Religious Affirmation*, Doubleday: New York 1980.

生活，甚至连最为大家接受的最传统的教会也不再是不言而喻的基础：这些教会亦已成为众多选项之一，甚至许多经常去做礼拜的正统人士也可以随意摆弄被其共同体正式拒斥的观念（例如转世）。最后，"超市"隐喻显然还指神秘学已经真正成为真实世界经济中一个数百万人的大"市场"，这同样是在19世纪之前没有对应的新鲜事物。

142

作为把西方神秘学看成一种连贯不变的世界观或精神视角之倾向的一种平衡，我们考察了现代化的五个基本方面：工具因果性逐渐占据社会主导，神秘学地理视野的扩展，新的进化论理论，心理学对神秘学的影响，以及出现了一个展销神秘学诸宗教和诸灵性的宗教超市。由于所有这些变化，相比于在前现代和现代早期的表现，现代和后现代的神秘学几乎已经变得面目全非。然而，正如第四章和第五章所指出的，神秘学的世界观、知识进路和修习仍然有一种可以识别的连贯模式。但正如我们在第一章和第三章所指出的，尽管在空间和时间上发生了巨大变化，神秘学领域之所以能够保持为一个研究领域，最终是因为启蒙运动使它获得了"被拒知识"的地位。现代西方神秘学研究必须保持微妙的平衡，既要对西方神秘学各种表现的共同之处感兴趣，又要认识到它们以多种方式彼此不同。

第八章　学科之间

143

本书开篇便强调西方神秘学具有基本的跨学科性质。这个研究领域在18世纪之后变得“在学术上无家可归”，其历史原因我们已经在第三章作了解释；即使在今天，也没有一个传统学科——甚至是在过去二十多年里已经明确建立起来的宗教研究——足以作为学术背景来研究它的发展和表现，或者分析它对于西方文化的意义。当然，事情的另一面是，这种状况使西方神秘学能以人文科学和（在较小程度上）社会科学中现存的任何纲领建立大本营。为了进一步激励和促进这样一种发展，本章从最重要的学科的角度来考察西方神秘学，希望不同研究领域的学者们能够更容易进入这个陌生的领域。

宗教、哲学、科学

在西方神秘学的领域内，宗教、哲学和科学之间的界限往往极具流动性和可渗透性，而在18世纪之前尤其如此。当致力于这些研究领域的学科在启蒙运动时期和之后开始确立自己的现代形态时，它们必须比以前更为清晰地界定自己的身份：既在彼此之间划定边界，又针对共同的“他者”绘制一个总体边界，无论这个“他者”

144

被称为“异端”、“迷信”、“神秘”还是其他类似的污名。只要各自保持在自己的领域内，神学家、哲学家和科学家们通常（当然并不总是）都会乐于承认彼此的学术合法性，也会异口同声地谴责这个“他者”超出了正当研究的界限。

这一排斥过程导致学术界对于宗教史、哲学史和科学史上的重大发展惊人地无知，从而在这些领域引出了极为贫乏的观点。在所有这三个领域，核心问题在于，它们的历史都是基于对“正确”和“错误”的宗教、哲学和科学的规范性区分而书写的。就宗教而言，它造就了以既有教会及其教义神学为主导并从它们的角度来书写的多部基督教史；就哲学而言，它给出了高度选择性的概括，比如暗示甚至明确宣称，在笛卡尔之前并没有多少“真正的”哲学；就科学而言，它在真科学与“伪”科学之间作了极为时代误置的区分，并据此建立了编史学。[①] 在所有情况下，历史学家都往往会聚焦于他们认为有趣和重要的东西，而不是关注在历史记录中实际发现的复杂情况。可以说，在对历史花园进行探索时，他们的思维就像园丁，专注于培育自己的植物和花朵，默默地尽可能剪除杂草。

如果我们进一步研究这个隐喻，研究自 20 世纪 90 年代以来发展起来的“新编史学”（西方神秘学研究是它的一部分），从生物

---

① Wouter J. Hanegraaff, 'The Dreams of Theology and the Realities of Christianity', in J. Haers and P. de Mey (eds), *Theology and Conversation: Towards a Relational Theology*, Leuven University Press/Peeters: Louvain 2003, 709—733; Wouter J. Hanegraaff, *Esotericism and the Academy: Rejected Knowledge in Western Culture*, Cambridge University Press: Cambridge 2012, 127—152, 314—334.

学家的角度来审视同一个历史花园，那么他们将会看到一个本身值得关注的复杂生物系统。历史的杂草或蘑菇被认为与培育的植物或花朵同样重要和令人感兴趣。需要强调的是，从一种科学观点来看，园丁和生物学家的观点并非只代表个人意见：园丁的观点压根就是错误的。任何仔细端详历史花园的人都不得不承认，它始终是各种生物的肥沃温床。耕耘的努力从来都不太成功，而且肯定永远如此。只有故意决定忽视那些不符合自己偏好的证据，才能维持情况不是这样的错觉。

145

因此，宗教、哲学和科学领域的学者必须决定自己是想成为园丁还是成为生物学家。如果选择园丁，那他就不适合研究西方神秘学。但如果选择生物学家，他就必须训练自己的敏感性，意识到现有学科及其标准的教育计划仍然狡猾地强烈倾向于肯定园丁的偏见。占主导地位的话语模式只能慢慢改变，一些根深蒂固的假设只有随着世代更替才能消失。在此期间，宗教、哲学和科学的研究者们都应带着健康的怀疑来审视标准教科书和学术纲领：他们应当不断问自己，有哪些东西是那些权威的信息传递者可能不会告诉他们的。这个建议听起来对学术权威的确具有颠覆性。根据康德的启蒙名言“敢于思考！”（*sapere aude*），[①]学术事业的本质就是不盲目相信别人告诉你的东西，而应敢于对它进行批判性的独立研究。

---

① Immanuel Kant, ‘What is Enlightenment?’ in Margaret C. Jacob, *The Enlightenment: A Brief History with Documents*, Bedford/St. Martin’s: Boston/New York 2001, 202—208.

关于宗教、哲学和科学的研究,这里无需对可能的方向作进一步详细讨论,从前面几章应该已经看得很清楚了。第二章讨论的重要人物大都处于哲学与宗教之间的一种居间状态,我们可以从这两种角度(最好是同时)进行卓有成效的研究。关于科学史,现在我们已经看得很清楚,自然魔法、炼金术和占星学与之有重要关联;在这里,与宗教和哲学的界限也是变动不居和可渗透的。对于所有这些情况,我们将在下一章给出一些初步的书目建议。需要146 强调的是,除了所有这些领域中少数著名的"大人物",出自次要人物之手的几乎无数尘封的材料正在图书馆和档案馆里等待被关注。有时候,这样的研究会引出意想不到的新发现,为我们提供令人惊讶的新视角来审视我们已经知道或者自认为知道的东西。但如果不先做研究,我们显然不会知道那些新视野是什么。

视觉艺术

特别自近代以来,西方神秘学已经产生了极为丰富和生动的视觉材料。只要看看商业市场上的许多书籍,就很容易获得初步印象,例如 Grillot de Givry, *Illustrated Anthology of Sorcery, Magic and Alchemy* (Causeway Books: New York 1973), Stanislas Klossowski de Rola, *The Golden Game: Alchemical Engravings of the Seventeenth Century* (Thames & Hudson: London 1988),或者更近的 Alexander Roob, *Alchemy and Mysticism: The Hermetic Museum* (Taschen: Cologne, etc. 1997)。这些书中的评注往往不太可靠,但其插图足以说明神秘学(特别是炼金术)

与艺术史家关系甚大。为了解读炼金术象征和其他“赫尔墨斯主义”艺术复杂的象征含义，显然需要将这一领域的专业知识与研究和分析图像的经验结合起来，这种结合不无出色的范例，例如 Barbara Obrist，*Les débuts de l'imagerie alchimique*（*XIVe—XVe siècles*）（Le Sycomore：Paris 1982），Jacques van Lennep，*Alchimie：Contribution à l'histoire de l'art alchimique*（Crédit Communal：Brussels 1985），Heleen M. E. de Jong，*Michael Maier's Atalanta Fugiens：Sources of an Alchemical Book of Emblems*（1969；Nicolas-Hays：York Beach 2002），以及 Peter J. Forshaw 即将出版的关于 Heinrich von Khunrath 的著作。Adam MacLean 内容丰富的炼金术网站（www. levity. com/alchemy）是特别有用的在线资源。

在意大利文艺复兴时期的高雅艺术中，柏拉图主义东方学的复兴留下了诸多痕迹，其中有些需要很多专业知识才能破解。例如，菲奇诺的著作曾经启发了波提切利的《春》、拉斐尔的《雅典学园》等作品以及米开朗基罗的几部作品。[①] 从 17 世纪开始，当炼金术比喻在巴洛克时期达到高潮之后，德国巴特泰纳赫（Bad Teinach）的《符腾堡安东尼亚公主的卡巴拉教育画》（*Die Kabbalistische Lehrtafel der Prinzessin Antonia zu Württemberg*，1659—1663）是一部特别生动的独特艺术作品，它启发了神智学家弗里德里

147

① Marieke J. E. van den Doel，*Ficino en het voorstellingsvermogen：Phantasia en Imaginatio in kunst en theorie van de Renaissance*，PhD dissertation，University of Amsterdam 2008.

希·克里斯托弗·厄廷格的一部非常重要的著作。[①] 到了18世纪,威廉·布莱克(William Blake)的神秘艺术是一个很好的例子,表明一个具有原创性和独立性的人如何能在柏拉图主义、灵知主义和斯威登堡主义思辨的显著影响下独自创造出一种神话。[②] 有大量证据表明,斯威登堡对19、20世纪的艺术(以及文学和音乐)产生了显著影响,[③]这些影响基本上属于浪漫主义唯心论传统。但在这种背景下,我们面临着与德国唯心论的情况非常相似的诠释问题:虽然即使是漫不经心的观察者也能看得很清楚,柏拉图主义与基督教神智学模型之间存在着一般关联,但由于鲜有直接的明确提及,所以常常难以给出确凿证明。这在较小程度上也适用于一条暗流,即文学与艺术中的"哥特式"浪漫主义明显得益于对"隐秘知识"的想象。[④] 而在谈到法国19世纪末的"颓废派"艺术时,这些犹豫就变得不那么必要了:众所周知,许多艺术家和作家经常光顾马丁主义(Martinism)的隐秘学环境,聊聊撒旦崇拜(主

---

① Otto Betz, *Licht vom unerschaffenen Lichte: Die kabbalistische Lehrtafel der Prinzessin Antonia in Bad Teinach*, Sternberg Verlag: Metzingen 1996; Friedrich Christoph Oetinger, *Die Lehrtafel der Prinzessin Antonia*, Reinhard Breymayer and Friedrich Häussermann (eds), 2 vols, Walter de Gruyter: Berlin/New York 1977.

② William Blake, *The Complete Illuminated Books* (David Bindman, introduction), Thames & Hudson: London 2000; Jos van Meurs, 'William Blake and his Gnostic Myths', in Roelof van den Broek and Wouter J. Hanegraaff (eds), *Gnosis and Hermeticism from Antiquity to Modern Times*, State University of New York Press: Albany 1998, 269—309.

③ 例如参见 Robin Larsen, *Emanuel Swedenborg: A Continuing Vision. A Pictorial Biography & Anthology of Essays & Poetry*, Swedenborg Foundation: New York 1988 中的许多文章。

④ Victoria Nelson, *Gothicka*, Harvard University Press: Cambridge, MA 2013.

要是因为撒旦作为一个敢于反抗神权的英雄个人主义者的浪漫主义吸引力),并且参与了以斯坦尼斯拉斯·德·瓜伊塔(Stanislas de Guaïta)和约瑟芬·佩拉当(Joséphin Péladan)等魅力超凡的人物为中心的玫瑰十字会的各种新形态;然而,关于神秘学潮流究竟如何影响了特定的视觉艺术家,仍然需要做大量研究。虽然神秘学与艺术在这一时期的密切关系是无法否认的,但必须提防过度热情的猜想:许多艺术史家都禁不住想随处看到隐秘的"信息",从而导致一种基于无限过度诠释的神秘乃至偏执的艺术解释学。[1] 并非每一个杯子都是炼金术容器,也不是十个视觉元素的任一排列都是一棵"源质"树。

到了20世纪,以安德烈·布勒东(André Breton)为中心的超现实主义运动是一个极为有趣的案例,表明神秘学的影响在数十年的时间里逐渐增强,最初集中于梦游症,最后以"二战"后明确的神秘学(尤其是炼金术)艺术为顶峰,但与明确拒斥超自然信念的左翼弗洛伊德主义进路相结合。[2] 至于抽象派艺术,20世纪80年代中期的著名展览《艺术中的精神》(*The Spiritual in art*,洛杉矶郡立美术馆,1986)[3]提醒人们注意神秘学思辨对于抽象的出现起 148

① Umberto Eco, with Richard Rorty, Jonathan Culler and Christine Brooke-Rose, *Interpretation and Overinterpretation*, Cambridge University Press: Cambridge 1992.

② Tessel M. Bauduin, *The Occultation of Surrealism*, PhD dissertation, University of Amsterdam 2012.

③ Maurice Tuchman (ed.), *The Spiritual in Art: Abstract Painting 1890—1985*, Abbeville: New York 1986. 另见 *Okkultismus und Avantgarde* (基于法兰克福席尔恩艺术馆的一次展览), Edition Tertium: Ostfildern 1995.

了至关重要的作用,但迄今为止这种作用仍然备受忽视——这让与克莱门特·格林伯格(Clement Greenberg)相联系的占统治地位的"形式主义"艺术批评学派感到沮丧。现在公认,马列维奇(Malevich)、康定斯基(Kandinsky)、蒙德里安(Mondriaan)、阿尔普(Arp)、克利(Klee)和杜尚(Duchamp)等著名的抽象派先驱,都认为自己的作品与其精神上的神秘学渴望有很深的联系,最早的抽象派绘画其实出自一个鲜为人知的灵媒希尔玛·阿夫克林特(Hilma af Klint)。除了神秘学影响著名艺术家的这些例子,许多神秘学家已经提出艺术渴望是其灵性议程的延伸,比如鲁道夫·施泰纳,他设计的歌德堂(Goetheanum)旨在用建筑来表达他的人智学世界观。还有许多情况,几乎不可能脱离艺术来谈论神秘学:比如我们可能会想到受神智学启发的尼古拉斯·罗伊里奇(Nicholas Roerich)的风景画、妮基·桑法勒(Niki de Saint-Phalle)在意大利托斯卡纳的塔罗花园(Tarot Garden),甚至是亚历克斯·格雷(Alex Grey)的迷幻画(psychedelic paintings)。

当代艺术是神秘学真正的商品市场。约瑟夫·博伊斯(Joseph Beuys)只是通过或隐或显地提及炼金术或(在他这里是)萨满教等传统来巧妙玩游戏的艺术家当中一个比较著名的例子。在可以随心所欲的后现代语境下,这样的影射并不必然(虽然可能)意味着严肃秉持某种神秘学传统的信念或世界观。我们往往不知道他们究竟是认真的还是为了讽刺,这种模糊性本身可以是一则艺术声明的整个要点,比如布鲁斯·瑙曼(Bruce Naumann)的霓虹艺术作品《真正的艺术家帮助世界揭示神秘真相》(*The*

True Artist Helps the World by Revealing Mystic Truths,1967)[1]似乎就是如此。总之,特别是自20世纪以来,神秘学已成为现代艺术不可或缺的核心维度之一,无论它本身是否得到宣传。无论是否承认,无论背后是否有明确的灵性议程,神秘学的象征含义、比喻和神话叙事都被自由地使用和再造。艺术史家的研究材料是如此丰富,几乎不可穷尽。

149

文　学

虽然越来越多的人已经渐渐认识到视觉艺术的神秘学维度,至少是在《艺术中的精神》之后,但几乎还没有人曾系统尝试就文学领域来研究这些维度。[2] 然而,这里的潜力至少同样巨大,甚至更大。到了现在,基本模式听起来一定有些耳熟了:神秘学在许多著名诗人和作家的作品中所起的作用一直备受忽视,仅仅是因为专家们对神秘学感到陌生或不舒服,他们觉得很难(这完全可以理解)找到可靠的学术成果来帮助解读文学中的神秘学观念或象征含义。

虽然可以追溯到古代,阿普列乌斯(Apuleius)的《金驴记》(*Metamorphoses*)便是一部明显受到魔法传统和秘密崇拜启发的小说,而且中世纪的骑士文学和圣杯文学常被认为属于神秘学,但

① 例如参见展览目录 *Traces du Sacré*, Centre Pompidou: Paris 2008,这里是16。

② Alain Mercier, *Les sources ésotériques et occultes de la poésie Symboliste* (*1870—1914*), A.-G. Nizet: Paris 1969 是一个例外,尽管是聚焦于某一段时期。

我们这里将只讨论从文艺复兴开始的时期。被归于弗朗切斯科·科隆纳(Francesco Colonna)的印刷异常精美的《波利菲洛之寻爱绮梦》(*Hypnerotomachia Poliphili*,1499)是一部重要作品,它将波利菲洛"梦寻"心上人的魔幻故事置于一种完全异教的氛围中,反映了古代宗教神话和象征含义在当时的复兴。[①] 其他许多更为知名或更鲜为人知的16、17世纪著作,比如莎士比亚的《暴风雨》或本·琼森(Ben Jonson)的讽刺剧《炼金术士》(*The Alchemist*)等,则反映了"隐秘哲学"及其对古代科学的迷恋。[②] 玫瑰十字会的关键文本之一《罗森克罗伊茨的化学婚礼》是一部炼金术小说,玫瑰十字会和共济会的出现引出了一种以秘密兄弟会为中心的流行小说体裁(今天几乎完全被遗忘)。[③] 与此同时,除了(或结合)上一节谈到的炼金术象征,赫尔墨斯主义时尚还反映在大量炼金术诗中。[④] 鉴于后来的影响,昂利·德·孟特福孔(Henri de Montfaucon de Villars)的《加巴利伯爵》(*Comte de Gabalis*,1670)是一部特别重要的小说,它造就了一种对"元素精灵"(elemental beings)的迷恋,这反映在18、19、20世纪的文学、艺术、戏剧甚至歌剧中。[⑤]

150

18世纪和19世纪初的许多基督教神智学家和光照派,比如

---

① Francesco Colonna, *Hypnerotomachia Poliphili: The Strife of Love in a Dream* (trans. Joscelyn Godwin), Thames & Hudson: London 1999;试比较 Joscelyn Godwin, *The Pagan Dream of the Renaissance*, Thames & Hudson: London 2002。

② Antoine Faivre, *Western Esotericism: A Concise History*, State University of New York Press: Albany 2010, 51 有一张有用的清单。

③ 参见 Hanegraaff, *Esotericism and the Academy*, 222, nt. 258。

④ 例如 Robert M. Schuler (ed.), *Alchemical Poetry 1575—1700, From Previously Unpublished Manuscripts*, Garland: New York/London 1995。

⑤ Hanegraaff, *Esotericism and the Academy*, 222—230 及其中引用的文献。

雅克·卡佐特(Jacques Cazotte)、约翰·海因里希·荣格-斯蒂灵(Johann Heinrich Jung-Stilling)、卡尔·冯·埃克哈茨豪森(Karl von Eckartshausen)、路易-克劳德·德·圣马丁等人,除了理论著作还写了小说。[1] 受神秘学思辨影响的"启蒙小说"(initiatic novels)体裁包括诺瓦利斯(Novalis)的《海因里希·冯·奥夫特丁根》(*Heinrich von Ofterdingen*)和《赛斯的弟子们》(*Die Lehrlinge zu Saïs*)等名著,并且一直持续至今。约翰·沃尔夫冈·冯·歌德是一个特别有趣的案例,他关于青蛇和美丽百合花的童话故事,特别是两部分的《浮士德》悲剧,多处提及文艺复兴时期的炼金术和隐秘哲学(阿格里帕明显是浮士德本人的一个原型)。秘密入门仪式和秘密兄弟会的主题显然有鬼故事的潜力,导致围绕着圣殿骑士团、光照会等神秘学组织及其据信的影响出现了一大类小说,从扎哈利亚斯·维尔纳(Zacharias Werner)的《山谷之子》(*Die Söhne des Thals*,1802—1804)等早期例子,到19世纪无以计数的隐秘学小说,一直到埃科的《傅科摆》(*Foucault's Pendulum*,1988)等现当代著作以及像丹·布朗(Dan Brown)的《达·芬奇密码》(*Da Vinci Code*,2003)这样极受欢迎的通俗小说畅销书。

许多隐秘学家也是热情的小说家,这里必须对他们的作品加以强调,无论其质量如何,是平庸还是偶尔相当生动。在无数作品中,我们这里只提到被归于艾玛·哈丁·布里顿的催眠术/隐秘学小说《鬼地》(*Ghost Land*,1876),这部小说对盎格鲁-撒克逊隐秘学的早期阶段非常重要,以及后来安娜·金斯福德、约瑟芬·佩拉

---

[1] 参见 Faivre, *Western Esotericism*, 67 上的清单。

当、帕斯卡尔·贝弗利·伦道夫、查尔斯·韦伯斯特·利德比特、阿莱斯特·克劳利、戴恩·福琼(Dion Fortune)、葛吉夫、邬斯宾斯基或雷蒙·阿贝利奥(Raymond Abellio)等极具影响力的神秘学家的许多虚构作品。尝试用文学来表达信念的这类神秘学家几151 乎不知不觉就变成了受神秘学主题影响的文学作家。在这方面，我们可以提到：巴尔扎克(Honoré de Balzac)的斯威登堡主义/光照派故事集，如《路易·朗贝尔》(*Louis Lambert*，1832)、《塞拉菲达》(*Séraphita*，1834)；爱德华·乔治·布尔沃-利顿(Edward George Bulwer-Lytton)富有影响力的小说，尤其是《扎诺尼》(*Zanoni*，1842)、《一个离奇的故事》(*A Strange Story*，1862)和《即临种族》(*The Coming Race*，1871)；处于19世纪末巴黎隐秘学环境中的乔里-卡尔·于斯曼(Joris-Karl Huysmans)的小说，尤其是《那里》(*Là-bas*，1895)；古斯塔夫·梅林克(Gustav Meyrink)的完全被神秘学所渗透的重要作品，如《魔像》(*The Golem*，1914)、《绿面孔》(*The Green Face*，1916)、《瓦尔普吉斯之夜》(*Walpurgis Night*，1917)、《白色多名我会修道士》(*The White Dominican*，1921)、《西窗天使》(*The Angel of the West Window*，1927)；[①]与超现实主义相联系的灵性作家，如勒内·多马尔(René Daumal)，特别是《相似的山》(*Mount Analogue*，1952)；诺贝尔奖获得者威廉·巴特勒·叶芝(William Butler Yeats)及其对金色黎明会魔法

---

① Hartmut Binder, *Gustav Meyrink*: *Ein Leben im Bann der Magie*, Vitalis: Prague 2009; Theodor Harmsen, *Der magische Schriftsteller Gustav Meyrink*, *seine Freunde und sein Werk*, In de Pelikaan: Amsterdam 2009.

的参与——《幻象》(*A Vision*，1925)；赖纳·马利亚·里尔克(Rainer Maria Rilke)的诗歌以及当代神秘学和隐秘学环境对他的影响；[①]还有作品浸透着神秘学主题的最伟大的葡萄牙作家和诗人费迪南德·佩索阿(Fernando Pessoa)。[②]

在这种背景下，重要的是强调，神秘学可能对诗人和小说家有重要意义，无论他们是否认同神秘学思想：例如，托马斯·曼的伟大小说经常以典型的"讽刺"方式使用炼金术和圣杯神话的基本叙事和象征。[③] 类似地，尤其在"二战"后，许多作者都把神秘学的历史和文献实际用作主题、人物或情节的丰富来源；例如，文艺复兴时期的魔法是德国作家赫尔姆特·克劳塞尔(Helmut Krausser)的小说《旋律》(*Melodien*，1993)中的一个核心论题；荷兰作家哈里·穆里施(Harry Mulisch)在《心理学家的食物》(*Voer voor psychologen*，1974)、《天堂的发现》(*De ontdekking van de Hemel*，1992)、《程序》(*De procedure*，1998)等许多作品中都利用了炼金术主题和卡巴拉主题；美国作家约翰·克劳利(John Crowley)在《他方世界》(*Little, Big*，1981)和《埃及四部曲》(*Aegypt*，1987—2007)中用神秘学说法和乔尔达诺·布鲁诺和约翰·迪伊等偶像式人物玩着微

---

① Gísli Magnússon, *Dichtung als Erfahrungsmetaphysik: Esoterische und okkultistische Modernität bei R. M. Rilke*, Königshausen & Neumann: Würzburg 2009.

② Marco Pasi, 'The Influence of Aleister Crowley on Fernando Pessoa's Esoteric Writings', in Richard Caron, Joscelyn Godwin, Wouter J. Hanegraaff & Jean-Louis Vieillard Baron (eds), *ésotérisme, gnoses & imaginaire symbolique: Mélanges offerts à Antoine Faivre*, Peeters: Louvain 2001, 693—711, esp. 694—699 and literature in nt. 4.

③ Wouter J. Hanegraaff, 'Ironic Esotericism: Alchemy and Grail Mythology in Thomas Mann's "Zauberberg"', in Caron, Godwin, Hanegraaff & Viellard-Baron, *ésotérisme*, 575—594.

妙的游戏。还有无数其他作家更是故意用文学媒介来传递某种神秘学讯息,比如保罗·科埃略(Paulo Coelho)的那些极为流行的小说,或者(似乎)引导读者更深地领悟人的境况,比如英国作家林赛·克拉克(Lindsay Clarke)那部给人留下深刻印象的小说《化学婚礼》(*The Chymical Wedding*,1989)。

152 这几个名字和标题显然只是冰山一角,而大部分冰山仍然未见天日。迄今为止,研究文学的学者很少注意到神秘学在现当代文学中的存在,但它实际上是现当代文学的核心维度之一。这与视觉艺术的情况类似。要想公正对待这个神秘学维度,甚至只是意识到它,仅仅仓促浏览一些通俗研究或网络资源是不够的;要想学会和理解相关内容,必须根据目前最好的学术成果认真详细地研究西方神秘学史。

音　　乐

文艺复兴时期神秘学的一部重要作品名为《宇宙的和谐》(*De harmonia mundi*,Francesco Giorgio da Veneto,1525),这绝非偶然:在我们所谓"柏拉图主义范式"的语境下,基于普遍和谐和神圣秩序的宇宙图景——著名的"天球音乐"概念便由此而来——与所谓的"理论音乐"密切相关。[1] 根据联应理论,宇宙的各个部分彼此

① Joscelyn Godwin, 'The Revival of Speculative Music', *Musical Quarterly* 68 (1982), 373—389. 另见 Godwin (ed.), *Music, Mysticism and Magic: A Sourcebook*, Arkana: New York/London 1986 中有用的类比。

共鸣,就像一部由神调音的伟大乐器的琴弦(罗伯特·弗拉德的作品中有一些著名图像对它作了具体的想象),其隐秘关系可以通过毕达哥拉斯学派的数字象征主义和卡巴拉主义诠释学来破解。神创造世界所用的语词和字母最终可以归结为数,而数值关系可以作为和谐(或不和谐)的声音被听到。理论音乐不仅与卡巴拉和数的象征含义密切相关,也与现代早期的魔法、占星学和炼金术密切相关;[1]音乐与隐秘哲学的这种关联一直持续到17世纪的"科学革命"。[2] 这使西方神秘学领域成为音乐学家研究的一个成果丰硕的领域。[3]

正如戈德温(Godwin)所指出的,虽然西方音乐在18世纪达到一个高潮,但音乐神秘学却衰落了,因为它违反了启蒙运动的理性主义精神。[4] 但也有例外,特别是共济会在莫扎特《魔笛》中所扮演的角色。在约翰·弗里德里希·胡戈·冯·达尔贝格(Johann Friedrich Hugo von Dalberg)、安托万·法布雷·多利韦　153

---

① 参见 Laurence Wuidar (ed.), *Music and Esotericism*, Brill: Leiden/Boston 2010 中的许多例子。

② 例如 Penelope Gouk, *Music, Science and Natural Magic in Seventeenth-Century England*, Yale University Press: New Haven/London 1999。

③ 一般综述和文献指南,包括文艺复兴时期音乐思辨在古代和中世纪的根源,参见 Albert de Jong, Mariken Teeuwen, Penelope Gouk and Joscelyn Godwin, 'Music Ⅰ-Ⅳ', in Wouter J. Hanegraaff (ed.) in collaboration with Antoine Faivre, Roelof van den Broek & Jean-Pierre Brach, *Dictionary of Gnosis and Western Esotericism*, Brill: Leiden/Boston 2005, 808—818。另见 D. P. Walker, *Music, Spirit and Language in the Renaissance* (Penelope Gouk, ed.), Variorum: London 1985;以及 Gary Tomlinson, *Music in Renaissance Magic: Towards a Historiography of Others*, University of Chicago Press: Chicago/London 1993。

④ Joscelyn Godwin, 'Music Ⅳ: 18th Century to the Present', in Hanegraaff, *Dictionary*, 815—818,这里是 816。

(Antoine Fabre d'Olivet)、查理·傅立叶(Charles Fourier)、赫内·弗龙斯基(Hoëne Wronski)、保罗-弗朗索瓦-伽斯帕·拉屈利亚(Paul-François-Gaspard Lacuria)、路易·卢卡(Louis Lucas)、埃德蒙·贝利(Edmond Bailey)和圣伊夫·达尔维德(Saint-Yves d'Alveydre)等人的著作中,思辨传统开始随浪漫主义而复兴。[①] 汉斯·凯泽尔(Hans Kayser)后来将毕达哥拉斯主义传统带入20世纪,他的学生鲁道夫·哈泽(Rudolf Haase)和维尔纳·舒尔策(Werner Schulze)继承了他的工作。除了这种源于古代和文艺复兴时期的思辨传统,19世纪末巴黎的隐秘学不仅吸引了画家、诗人和小说家,偶尔还会吸引作曲家。埃里克·萨蒂(Erik Satie)便是一个著名的例子,他受到约瑟芬·佩拉当的玫瑰十字会的强烈影响,但最终与佩拉当决裂,建立了他自己的修会——"引路人耶稣的艺术大都会教会"(Église Métropolitaine d'Art de Jésus Conducteur),萨蒂本人任主教和唯一成员。在这些背景下出现了一些神秘学主题的钢琴音乐,比如萨蒂的《来自玫瑰与十字架的钟声》(Sonneries de la Rose+Croix)、《众星之子》(Le Fils des Étoiles)和一部名为《于斯皮德》(Uspud)的神秘芭蕾舞剧。[②] 在一战前后的几十年里,灵性主题广为流传,有人会从神秘学角度来解释瓦格纳的伟大音乐戏剧;但在大多数情况下,目前的研究并不能明确断言神秘学是否对那一时期的作曲家产生了重大影响(也有少数例外,特别是亚

---

① Joscelyn Godwin, *Music and the Occult: French Musical Philosophies, 1750—1950*, University of Rochester Press: Rochester 1995.

② Reinbert de Leeuw 于 2011 年灌录的 CD (KTC 1427, 2 CDs; www.etcetera-records.com)。

历山大·斯克里亚宾[Alexander Scriabin])。

到了无调性的诞生以及阿诺德·勋伯格(Arnold Schönberg)及其学生阿尔班·贝尔格(Alban Berg)和安东·韦伯恩(Anton Webern)的十二音音乐,画面就变得更清晰了。神秘学思辨在音乐从晚期浪漫主义到现代性的这种突破中起了决定性作用,这与视觉艺术中抽象派的诞生非常相似。勋伯格对犹太教卡巴拉非常着迷,韦伯恩认真研究了歌德关于植物形态和颜色的思辨理论,除此之外,斯威登堡的联应理论也是用来组织"音乐空间"的十二音体系的一个重要灵感来源。[1] 这些神秘学来源之所以与作曲家有关,是因为音乐基于一种构造了整个实在的普遍"定律":可以把音乐设想成一个自主的声音世界,类似于具有基本定律的大宇宙,与超出感官世界的绝对精神实在有精确的对应。"二战"后十二音体系朝着"整体序列音乐"发展,这与神秘学思辨之间的关系仍然是一个近乎未知的领域,有待认真的学者前去探索。卡尔海因茨·施托克豪森(Karlheinz Stockhausen)便是这种发展所造就的最重要的作曲家之一,他表明先锋音乐可以完全根植于一种神秘学世界观(这里是一部通灵文本《地球之书》[*Urantia Book*]的新灵知主义)。[2]

154

---

① Wouter J. Hanegraaff, 'The Unspeakable and the Law: Esotericism in Anton Webern and the Second Viennese School', in Wuidar, *Music and Esotericism*, 329—353.

② Joscelyn Godwin, 'Stockhausen's *Donnerstag aus Licht* and Gnosticism', in Roelof van den Broek and Wouter J. Hanegraaff (eds), *Gnosis and Hermeticism from Antiquity to Modern Times*, State University of New York Press: Albany 1998, 347—358.

与视觉艺术的情况相似,“二战”后的先锋音乐中充斥着神秘学的主题和传统,但还没有人从这一角度进行系统全面的研究。从“古典”传统向流行音乐传统的迈进也是如此。自20世纪60年代以来,摇滚音乐的发展很符合充满东西方神秘学传统影响的另类灵性时尚,但鲜有人尝试认真研究神秘学在摇滚歌词中的作用,以及像克劳利式的隐秘学或混沌魔法与重金属亚文化之间的关系这样明显的主题。虽然当代锐舞文化(Rave)和节日文化的灵性维度被给予的关注稍多一些,[①]但几乎没有人从神秘学本身的角度加以关注。这个领域的基础工作也几乎没有做过。[②]

社会科学和大众文化

神秘学在20世纪六七十年代的风行让宗教社会学家感到惊讶,他们往往秉持某种版本的世俗化论题,认为理性化过程和科学知识的传播定会伴随着宗教与魔法“迷信”的持续衰落和边缘化。在尝试创建一门致力于分析“越轨”的信念和修习的“隐秘知识社会学”之后,[③]我们已经看得很清楚,神秘学和隐秘知识在当代文化中的存在并非某种奇特的反常,而是宗教景观的一个永恒特征。我们在第七章曾说出现了一个“宗教超市”,其中供应着丰富的神

---

① 例如 Robin Sylvan, *Trance Formation: The Spiritual and Religious Dimensions of Global Rave Culture*, Routledge: New York/Oxon 2005。

② 但参见 Christopher Partridge, *The Re-Enchantment of the West*, T&T Clark: London/New York 2004, vol. 1, 143—184。

③ Edward A. Tiryakian (ed.), *On the Margin of the Visible: Sociology, the Esoteric, and the Occult*, John Wiley & Sons: New York, etc. 1974.

155

秘学观念和商品，还讨论了“异端宗教环境”的基本观念和当代复杂的“隐秘文化”(Occulture)现象。后面这些术语指的是神秘学作为大众文化的一个一般维度现已通过各种媒体得到表达：书籍、漫画、互联网、DVD、视频游戏、艺术、音乐、特殊仪式(“萨满教的”或其他)、火人节(Burning Man)或 Boom 电子音乐节等反主流文化节日，等等。所有这些东西是否仍然可以用“神秘学”这个一般标签来涵盖，是一个有争议的问题：将此术语首先与一些特定的古老历史传统联系起来的那些学者也许会做出否定的回答，而其他学者(包括本书作者)则倾向于把神秘学看成一种不断沿着新方向发展的可扩充的现象。因此，它是社会科学学者与大众文化学者的一个多产的研究领域。

除了研究“异端宗教环境”或隐秘文化本身，宗教社会学家还非常关注特定的神秘学组织。正是在这里，西方神秘学研究不知不觉变成了“新宗教运动”(New Religious Movements, NRMS)研究，主要关注在西方神秘学信念系统基础上建立起来的无数大大小小的宗教组织，比如像神智学会、人智学会这样的早期组织，像古老神秘玫瑰十字会(AMORC, Ancient Mystical Order Rosae Crucis)或玫瑰十字学校(Lectorium Rosicrucianum)这样的新玫瑰十字会运动，以及像山达基教会(Church of Scientology)、新卫城(New Acropolis)或雷尔运动(Raelian movement)等较新的有时备受争议的组织。在这一领域，意大利学者马西莫·因特罗维涅(Massimo Introvigne)以及约翰·高登·梅尔敦(J. Gordon Melton)、艾琳·巴克(Eileen Barker)、詹姆斯·刘易斯(James R.

Lewis)等研究"新宗教运动"的顶尖专家已经做了出色的工作。[①] 为了给政府部门和普通公众提供关于"新宗教运动"的可靠信息，特别是考虑到公众对于"邪教"或"教派"之危险的忧虑，其中几位学者创建了一些组织。[②] 他们致力于批判性研究而不带辩护或辩论的偏见，这使他们在"反邪教运动"圈子里富有争议，后者往往拒绝保持学术上的中立，因为它默认"新宗教运动"是给成员洗脑的"危险邪教"(该论点已经遭到学术研究的彻底质疑，但在媒体和公众中仍然很流行)。在此背景下，学者们应当意识到自己可能卷入高度情绪化和有政治敏感性的争论。

156

当代神秘学的社会科学研究可以运用各种不同的方法论。社会学研究大都是定性的，但也有一些有趣的案例可以显示定量方法的价值。[③] 在《新宗教》(*Nova Religio*)和《当代宗教杂志》(*Journal of Contemporary Religion*)等顶尖的学术期刊中，我们可以看到许多对神秘学的"新宗教运动"作社会学研究的例子。除了社会学，宗教人类学对于当代神秘学研究也很重要。在这方面，

---

① Massimo Introvigne, *Il cappello del Mago: I nuovi movimenti magici, dallo spiritismo al satanismo*, Sugarco: Carnago 1990(不幸尚未翻译)以及关于特定组织的大量其他文献；J. Gordon Melton, *Encyclopedic Handbook of Cults in America*, Garland: New York/London 1992 和许多大型百科全书；Eileen Barker, *New ReligiousMovements: A Practical Introduction*, HMSO: London 1992; James R. Lewis, *The Oxford Handbook of New Religious Movements*, Oxford University Press: Oxford/New York 2004 以及其他许多百科全书类工具书。

② 特别参见 Introvigne 的 CESNUR (Center for Studies on New Religions)及其非常有用的网址 www.cesnur.org；以及 Barker 的 INFORM (Information Network on Religious Movements), www.inform.ac。

③ 例如 René Dybdal Pedersen, 'The Second Golden Age of Theosophy in Denmark: An Existential "Template" for Late Modernity?' *Aries* 9:2 (2009), 233—262。

谭亚·鲁尔曼对英格兰仪式魔法的研究是一项具有里程碑意义的人类学田野调查,另一个有用的模型是迈克尔·布朗(Michael F. Brown)关于新时代环境中通灵的研究。[①] 特别是自21世纪以来,由于神秘学研究已经开始在学术语境中确立,人类学家开始意识到它是一个研究领域;在第六章所强调的神秘学"修习"研究方面,这种发展可能被证明特别富有成果。

总之,当代神秘学与社会科学和大众文化研究之间无疑存在着关联。但为了实现其充分的潜力,这类研究应充分利用关于相关宗教思想传统的历史学术成果。例如,正如美国学者玛丽·法雷尔·贝德纳罗夫斯基(Mary Farrell Bednarowski)所表明的,我们早在几十年前就已经无法真正理解当代新宗教了。只有认真看待它们的世界观,将它们置于历史语境中,我们才能看到传统的神秘学信念是如何在现代化或世俗化等新发展的影响下被修改、转变和重新使用的。[②] 这一整合进路在对神秘学的社会科学研究中仍然有些不同寻常,希望随着该领域的发展能变得更加正常。

---

① Tanya M. Luhrmann, *Persuasions of the Witch's Craft: Ritual Magic in Contemporary England*, Harvard University Press: Cambridge, MA 1989; Michael F. Brown, *The Channeling Zone: American Spirituality in an Anxious Age*, Harvard University Press: Cambridge, MA/London 1997.

② Mary Farrell Bednarowski, *New Religions and the Theological Imagination in America*, Indiana University Press: Bloomington/Indianapolis 1989.

157

第九章　资料来源

西方神秘学研究的新手往往很难穿过二手文献的茂密森林，将可靠的学术成果与众多可疑的(秘密的)神秘学辩护或业余学术成果区分开来。不仅如此，该领域的一些半吊子产品出自学术界，一些优秀的研究却源于没有大学资质的作者，这使情况变得更加棘手。此外，品质卓越的学术成果可能隐藏在只有专家知晓、有时甚至不见于公认的同行评议杂志清单的专业期刊中；在这一领域，见于重要学术媒体的文章并不一定比其他的更好。同样，由知名大学出版社出版的专著也不一定比不知名的出版社(其中一些与特定的神秘学组织有联系)出版的书更可靠。对于一个刚刚开始专业化的年轻学术研究领域来说，这种情况是比较典型的，它部分反映了西方神秘学领域本身的一些特质。几乎可以毫不夸张地说，神秘学或隐秘知识作为"被拒知识"的地位已经造就了一个业余学术的平行宇宙，其中许多内容很糟糕，但也有一些内容很好。这意味着，一些最优秀的出版物可能很难见诸标准的大学图书馆，158 有时需要求助于私人的图书馆或档案。一些最好的资料掌握在专业内行手中，他们未必愿意或有实际手段使其宝藏被众人看到。随着互联网的出现，这种情况已经开始改善，因为在线发表材料变得更容易，这在过去是难以做到的；但和其他许多领域一样，关于什么东西需要认真对待、什么东西不需要,这也造成了很多混乱。

刚刚开始研究西方神秘学的学者和学生应当非常清楚这些特质。例如,他们必须认识到,标准的学术图书馆工具或搜索引擎不一定会给出最好的结果,也许需要很大毅力才能找到所需的东西,甚至是知道它存在着。简单的解决方案并不存在,本章也未声称提供任何捷径。它只是希望提供一些带注释的参考书目以及进一步的实用信息,以帮助读者迈出第一步和避免一些陷阱。在尽可能不降低学术标准的情况下,我们会优先引用英语文献;但正如我们会看到的,如果不能阅读法语、德语和意大利语,西方神秘学的许多重要维度都不可能进入。为将此概述保持在合理范围内,只有当主标题无法提供足够信息时,我们才会给出某本书的副标题。

组织、图书馆、教学项目

西方神秘学领域的学者有两个专业组织:欧洲西方神秘学研究协会(European Society for the Study ofWestern Esotericism, ESSWE;www. esswe. org)和美国的神秘学研究协会(Association for the Study of Esotericism, ASE;www. aseweb. org)。它们所代表的学术文化不尽相同,前者更加偏向批判性的历史经验进路,后者则更偏向宗教主义观点,显示学者与修习者之间的更大重叠。神秘学在一些国际宗教研究组织的会议上也有很好的呈现,特别是国际宗教史协会(International Association for the History of Religions, IAHR;www. iahr. dk),欧洲宗教研究协会(European Association for the Study of Religions, EASR;www. easr. eu)和 159

美国宗教研究院(American Academy of Religion,AAR;www. aarweb. org)。

该领域最好的学术图书馆,特别是关于19世纪之前的时期,是阿姆斯特丹著名的赫尔墨斯主义哲学图书馆(*Bibliotheca Philosophica Hermetica*,BPH;www. ritmanlibrary. nl)。另外两家著名的收藏地是伦敦瓦尔堡研究所(Warburg Institute,www. warburg. sas. ac. uk)图书馆和洛杉矶哲学研究协会所拥有的曼利·霍尔档案馆(Manly P. Hall Archive,www. manlyphall. org)。除了这些公开收藏,一些优秀的图书馆为共济会或神秘学组织所拥有,其访问资格也许会受到限制。最后是为数众多的私人收藏,如果没有过硬的人脉关系,通常无法看到。

世界上现在有三个研究西方神秘学的大学席位。第一个是1965年在巴黎(索邦)高等研究实践学院(École Pratique des Hautes études)创建的,每周都会举办研讨会;第二个是1999年在阿姆斯特丹大学创建的(www. amsterdamhermetica. nl),除了一个全职的英语硕士项目,它还提供四个独立单元的本科水平的计划;第三个是2005年在埃克塞特大学创建的(www. centres. exeter. ac. uk/exeseso),提供远程学习计划。除了这些专业项目,欧美各所大学开设的西方神秘学课程也日益增多。

一般文献

迄今为止,西方神秘学最全面的参考书,也是可靠信息和参考书目的逻辑起点是《灵知与西方神秘学词典》(*Dictionary of Gnosis and Western Esotericism*, edited by Wouter J. Hanegraaff, Antoine Faivre, Roelof van den Broek and Jean-Pierre Brach, Brill:Leiden/Boston 2005;也可在线阅读)。自2001年以来,Brill还出版了该领域最重要的学术期刊*Aries:Journal for the Study of Western Esotericism*(www. brill. nl/aries;另见它的前身,*ARIES*第一辑,1985年到1999年由La Table d'Emeraude在巴黎出版),2006年以来出版了被称为“白羊座丛书”(Aries Book Series)的指南系列(www. brill. nl/publications/aries-book-series)。Equinox出版的“Gnostica: Texts and Interpretations”(www. equinoxpub. com)是关注点类似的另一个专著系列。1987年以来出版的法文期刊*Politica Hermetica*(L'Age d'Homme: Lausanne)是丰富的信息资源;最后还有在线期刊*Esoterica*(www. esoteric. msu. edu)。 160

有几本西方神秘学的导论教科书已经过时或不可靠,它们都有各自的问题(批评性的概述参见Wouter J. Hanegraaff, 'Text-books and Introductions to Western Esotericism', *Religion* 43 [2013])。Nicholas Goodrick Clarke, *The Western Esoteric Traditions* (Oxford University Press: Oxford/New York 2008)关于17世纪到19世纪的叙述最为出色,作为事实信息来源非常可靠。应当注意的是,有一种宗教主义(religionist)的潜台词将历史语境、变革与创新的重要性暗中最小化,以把“西方神秘学传统”呈现为由“内在的哲学和宗教特征”所定义的持久的单一世界观或灵性视角,根据作者的说法,这最终基于“精神和灵性作为一种独立的本体论实在”(o. c. ,4, 12—13)。Antoine Faivre, *Western*

Esotericism (SUNY Press:Albany 2010)为当时最重要的学者所写,在事实上非常可靠。缺点是太过简短,且英译本质量不尽如人意(法文原版 *L'ésotérisme* [4th edn, Presses Universitaires de France: Paris 2006]仍是可以阅读法语的读者的第一选择)。关于费弗尔的概述,最引人注目的是他强调神秘学是一种"想象"(*imaginaire*),主要依靠神话和象征的表达形式;相应地,他非常关注神秘学在文学和艺术中的表现。虽然该书相当简洁,但异常博学的费弗尔仍然谈到了诸多鲜为人知的人物和参考文献,这使他的导论成为除了解一些著名的"大人物"之外还想领略其他内容的读者的一个有用资源。

161 除了导论性的教科书,讨论西方神秘学的一般著作非常罕见。Pierre Riffard 的 *L'ésotérisme*(Robert Laffont: Paris 1990)非常博学,但它基于一种极端的宗教主义,使其与当前的种种进路不相容。两卷本文集 Antoine Faivre, *Access to Western Esotericism and Theosophy*, *Imagination*, *Tradition* (SUNY Press: Albany 1994 and 2000)包含了对方法和理论的一般性讨论和对特定人物和主题的详细分析(非常强调基督教神智学和光照论),以及详细的研究书目指南。Wouter J. Hanegraaff, *Esotericism and the Academy* (Cambridge University Press: Cambridge 2012)是一部关于"西方神秘学"如何在文艺复兴以降的智识话语中被想象和概念化的历史,为这本《指津》所依据的神秘学观点奠定了理论基础。

按时间顺序对西方神秘学的概述可见于一些多卷本著作。*Modern Esoteric Spirituality* (eds Antoine Faivre & Jacob Needleman; Crossroad: New York 1992)和 *Gnosis and Hermeticism from*

Antiquity to Modern Times (eds Roelof van den Broek & Wouter J. Hanegraaff; SUNY Press: Albany 1998)是两个主要例子。*Ésotérisme, Gnoses & Imaginaire symbolique* (eds Richard Caron, Joscelyn Godwin, Wouter J. Hanegraaff & Jean-Louis Vieillard-Baron; Peeters: Louvain 2001)是用三种语言(英语、法语、德语)写成的安托万·费弗尔纪念文集。

近年来西方神秘学研究的迅速发展可见于一系列专题著作,包含着关于众多主题和角度的学术成果,比如 *Polemical Encounters: Esoteric Discourse and its Others* (eds Olav Hammer & Kocku von Stuckrad; Brill: Leiden/Boston 2007); *Esotericism, Art, and Imagination* (eds Arthur Versluis, Lee Irwin, John Richards & Melinda Weinstein; Michigan State University Press: East Lansing 2008); *Esotericism, Religion, and Nature* (eds Arthur Versluis, Claire Fanger, Lee Irwin & Melinda Phillips; North American Academic Press: East Lansing 2009); *Constructing Tradition: Means and Myths of Transmission in Western Esotericism* (ed. Andreas B. Kilcher; Brill: Leiden/Boston 2010); *Die Enzyklopädik der Esoterik* (eds Andreas B. Kilcher & Philipp Theisohn; Wilhelm Fink: Munich2010); *Hidden Intercourse: Eros and Sexuality in the History of Western Esotericism* (eds Wouter J. Hanegraaff & Jeffrey J. Kripal; Fordham University Press: New York 2011)等。 162

最后是一些有用的参考书目。费弗尔 1994 年和 2000 年那两本专著中的书目都强烈推荐。截至 20 世纪初关于“隐秘知识”的一份几乎取之不尽的书目可见于 Albert L. Caillet，*Manuel bibliographique des sciences psychiques ou occultes*，3 vols，Lucien Dorbon：Paris 1912。Robert Galbreath，'The History of Modern Occultism：A Bibliographical Survey'，*Journal of Popular Culture* 5（1971），726—754 则是一部截至 1970 年的简明的有用指南。

希腊化文化中的灵知

灵知主义

Roelof van den Broek，*Gnostic Religion in Antiquity*（Cambridge University Press：Cambridge 2013）是最佳的现代导论，它基于最新的学术成果，对完整的原始文本作了极为细致的研究；Kurt Rudolph，*Gnosis*（Harper & Row：San Francisco 1977）虽然有些过时，但仍然是一部非常有用的专著。对灵知主义文本最可靠的英译是 Marvin Meyer，*The Nag Hammadi Scriptures*（Harper One：New York 2008）。Michael Allen Williams，*Rethinking 'Gnosticism'*（Princeton University Press：Princeton 1996）对关于"灵知主义"的现代争论特别重要，它主张应当抛弃这个术语。Karen L. King，*What is Gnosticism?*（The Belknap Press of Harvard University Press：Cambridge，MA/London 2003）很好地揭示了一直影响该领域现代学术的神学偏见。

通神术

Gregory Shaw，'Theurgy：Rituals of Unification in the Neoplatonism of Iamblichus'，*Traditio* 41（1985），1—28 和 Georg Luck，'Theurgy and Forms of Worship in Neoplatonism'，in Luck，*Ancient Pathways and Hidden Pursuits*（University of Michigan Press：Ann Arbor 2000），110—152 是两篇很好的综述性介绍。关于《迦勒底神谕》，参见 Ruth Majercik，*The Chaldean Oracles*（Brill：Leiden/New York/Copenhagen/Cologne 1989）；关于扬布里柯对通神术的看法，参见 Iamblichus，*De mysteriis*（eds Emma C. Clarke，John M. Dillon & Jackson P. Hershbell；Brill：Leiden/Boston 2004）。最后，参见 Sarah Iles Johnston，*Hekate Soteira：A Study of Hekate's Role in the Chaldean Oracles and Related Literature*（Scholars Press：Atlanta 1990）中精彩的分析。 163

赫尔墨斯主义

关于古代晚期的赫尔墨斯主义，最佳的一般研究是 Garth Fowden，*The Egyptian Hermes*（Princeton University Press：Princeton 1986）。不过在这一领域，André-Jean Festugière 里程碑性的四卷本研究著作 *La revelation d'Hermès Trismégiste*（1950；Les Belles Lettres：Paris 2006 重印为一卷）仍然是所有现

代学术不可或缺的基础;Jean-Pierre Mahé 两卷本的 *Hermès en Haute-égypte*(Presses de l'Université Laval: Quebec 1978/1982)是与 Festugière 对应的最重要的现代著作。哲学性的《赫尔墨斯秘文集》现在已经有了一个权威版本(希腊文—法文对照),即 A. D. Nock and A.-J. Festugière, *Corpus Hermeticum*(4 vols, repr. Les Belles Lettres: Paris 1991—1992, 2002)。最可靠的英译本是 Brian P. Copenhaver(*Hermetica*, Cambridge University-Press: Cambridge 1992)和 Clement Salaman et al.(*The Way of Hermes*, Duckworth: London 1999; *Asclepius*, Duckworth: London 2007)。理解赫尔墨斯主义对本书至关重要,关于这一点,参见 Wouter J. Hanegraaff, 'Altered Statesof Knowledge: The Attainment of Gnōsis in the Hermetica', *The International Journal of the Platonic Tradition* 2:2 (2008),128—163。关于中世纪和现代早期对赫尔墨斯主义文献的接受,参见 Claudio Moreschini, *Hermes Christianus*(Brepols: Turnhout),以及 *Hermetism from Late Antiquity to Humanism*(eds Paolo Lucentini, Ilaria Parri and Vittoria Perrone Compagni; Brepols: Turnhout 2003)中的多篇研究论文和详尽的参考书目。

164

自然的秘密:魔法、占星学、炼金术

一般著作

关于古代科学在伊斯兰世界和拉丁中世纪的传播,参见 David

C. Lindberg, 'The Transmission of Greek and Arabic Learning to the West', in Lindberg(ed.), *Science in the Middle Ages* (University of Chicago Press: Chicago/London 1978), 52—90; 以及 David Pingree, 'The Diffusion of Arabic Magical Texts in Western Europe', in Biancamaria Scarcia Amoretti (ed.), *La diffusione delle scienze islamiche nel medioevo europeo* (Accademia Nazionale dei Lincei: Rome 1987), 57—102。对伊斯兰著作的较早但仍然有用的分析是 Manfred Ullmann, *Die Natur-und Geheimwissenschaften im Islam* (Brill: Leiden 1972)。关于伊斯兰文化中的《赫尔墨斯秘文集》,参见 Kevin van Bladel, *The Arabic Hermes* (Oxford University Press: Oxford/New York 2009)。关于"隐秘科学"(occult sciences)这一术语的问题,参见 Hanegraaff, *Esotericism and the Academy*, 177—191 和其中引用的文献。整个领域的权威参考书仍然是 Lynn Thorndike 那几乎无法穷尽的八卷本著作 *A History of Magic and Experimental Science* (Columbia State University Press: New York 1923—1958)。

魔法

关于魔法的学术文献很多,任何选择都只可能揭示冰山一角。关于"魔法"作为一个范畴的基本问题及其在西方神秘学研究中所扮演的角色,参见 Hanegraaff, *Esotericism and the Academy*, 164—177。关于古代,Matthew W. Dickie, *Magic and Magicians in the Greco-Roman World* (Routledge: London/New York 2001)是最出色的现代研究之一。关于中世纪,除了集体创作的重要成果 *Conjuring Spirits* (ed. Claire Fanger; Sutton: Phoenix Mill, etc. 1998)和 *Invoking Angels* (ed. Claire Fanger; Pennsylvania 165 State University Press: Philadelphia 2012),目前最好的出发点是 Richard Kieckhefer, *Magic in the Middle Ages* (Cambridge University Press: Cambridge 1989)。一般而言,我们应当经常检索宾夕法尼亚州立大学出版社"历史中的魔法"丛书中的新书。如果想联系占星学和护身符来深入探究对中世纪魔法的讨论, Nicolas Weill-Parot, *Les 'images astrologiques' au Moyen Âge et à la Renaissance* (Honoré Campion: Paris 2002)是一部特别好的研究著作。关于魔法的权威同行评议期刊是 *Magic, Ritual & Witchcraft* (www.magic.pennpress.org)。

占星学

一般的导论和概述参见 Jim Tester, *A History of Western Astrology* (The Boydell Press: Woodbridge 1987)和 Kocku von Stuckrad, *Geschichte der Astrologie* (C. H. Beck: Munich 2003)。Patrick Curry, *Prophecy and Power* (Princeton University Press: Princeton 1989)和 Anthon Grafton, *Cardano's Cosmos* (Harvard University Press: Cambridge, MA/London 1999)是两部出色的研究,表明了占星学在现代早期是如何运作的。

炼金术

关于炼金术的文献很多,但质量不一。Lawrence M. Principe, *The Secrets of Alchemy* (University of Chicago Press: Chicago/London 2012)是一部可靠的简短导论,特别关注自然哲学和现代早期科学;Hans-Werner Schütt, *Auf der Suche nach dem Stein der Weisen* (C. H. Beck: Munich 2000)从类似角度出发作了更详细的概述。源于荣格或伊利亚德和传统主义的非历史视角的影响是几乎所有对宗教维度感兴趣的文献都会面临的一个严重问题(参见 Hanegraaff, *Esotericism and the Academy*, 191—207, 289—295, 305—307),它有时会导致评论者沿相反的方向进行夸张。Michela Pereira, *Arcana Sapienza* (Carocci: Rome 2001)的作者是一位非常优秀的专家,这部完整的历史避免了这些陷阱,但不幸未被译成英文。关于炼金术和现代早期科学,与 Lawrence M. Principe 和 William R. Newman 联系在一起的"新编史学"至关重要:特别参见 Newman, *Gehennical Fire: The Lives of George Starkey, an American Alchemist in the Scientific Revolution* (Harvard University Press: Cambridge, MA/London 1994), Principe, *The Aspiring Adept: Robert Boyle and his Alchemical Quest* (Princeton University Press: Princeton 1998)以及 William R. Newman and Lawrence M. Principe, *Alchemy Tried in the Fire: Starkey, Boyle, and the Fate of Helmontian Chymistry* (University of Chicago Press: Chicago/London 166

2002)。至于牛顿这个著名案例,也许最好先看 Richard S. Westfall, *Never at Rest: A Biography of Isaac Newton* (Cambridge University Press: Cambridge 1980)的第八章,然后看 Betty Jo Teeter Dobbs, *The Janus Face of Genius: The Role of Alchemy in Newton's Thought* (Cambridge University Press: Cambridge 1991),并访问在线的"牛顿计划"(The Newton Project, www.newtonproject.sussex.ac.uk)。在炼金术领域,建立在神秘学或隐秘学假设基础之上的准学术文献特别容易产生误导。可靠的学术成果可参见炼金术史与化学史协会出版的学术期刊 *Ambix* (www.ambix.org),还有出色的法文的 *Chrysopoeia* 及其附带的专著丛书"Textes et Travaux de Chrysopoeia",两者都在炼金术史研究会(Société d'étude de l'Histoire de l'Alchimie)的支持下由 Archè/Edidit 出版(www.editionsarche.com)。

文艺复兴时期

一般著作

令人惊讶的是,关于文艺复兴时期的神秘学,尚无一部全面可靠的最新概述;结果,学者和普通公众往往会持续依赖一系列著名但已严重过时的研究。Frances A. Yates, *Giordano Bruno and the Hermetic Tradition* (1964; reprint Routledge: London/New-York 2002)写得很好,也很有启发性,但它的一些最基本的假设是错误的(参见 Hanegraaff, *Esotericism and the Academy*, 322—334。Wayne Shumaker 极为辉格的 *The Occult Sciences in the Renaissance* (University of California Press: Berkeley/Los Angeles/London 1972)就更是如此。D. P. Walker, *Spiritual and Demonic Magic from Ficino to Campanella* (1958; reprint Pennsylvania State University Press: Philadelphia 2000)稍微成熟一些,但仍属于昔日的学术。Ioan P. Couliano, *Eros and Magic in the Renaissance* (University of Chicago Press: Chicago/London 1987)在方法上非常原创,但也极为特异。从这些经典著作中都可以学到有价值的东西,但阅读时必须非常小心。

167

古代神学/长青哲学

关于古代神学/长青哲学的文艺复兴传统,参见两篇经典论文:Charles B. Schmitt, 'Perennial Philosophy: From Agostino Steuco to Leibniz', *Journal of the History of Ideas* 27 (1966), 505—532 和 D. P. Walker, 'The *Prisca Theologia* in France', *Journal of the Warburg and Courtauld Institutes* 17 (1954), 204—259;但比较 Hanegraaff, *Esotericism and the Academy* 第一章中的新近讨论。关于文艺复兴时期对"古代智慧"的迷恋,Michael Stausberg 两卷本的 *Faszination Zarathushtra* (Walter de Gruyter: Berlin/New York 1998)是几乎不可穷尽的信息来源。

基督教卡巴拉

关于基督教卡巴拉，目前尚无一部用英语写成的优秀现代导论。Wilhelm Schmidt Biggemann 的四卷本 *Geschichte der christlichen Kabbala*（Frommann Holzboog：Stuttgart-Bad Cannstatt 2012）是一部用德语写的研究巨著。Andreas Kilcher，*Die Sprachtheorie der Kabbala als äthetisches Paradigma*（J. B. Metzler：Stuttgart/Weimar 1998）从文学研究的角度考察了这个话题，侧重于“卡巴拉”话语从其犹太教起源到基督教诠释最后到德国浪漫主义对它的接受。Françis Secret，*Les kabbalistes chrétiens de la Renaissance*（1964；new rev. edn；Archè/Arma Artis：Milan/Neuilly-sur-Seine 1985）是一部早期经典。最后是两部优秀的文集：*The Christian Kabbalah*（ed. Joseph Dan；Harvard College Library：Cambridge，MA 1997）和 *Christliche Kabbala*（ed. Wilhelm Schmidt-Biggemann；Jan Thorbecke：Ostfildern 2003）。

168

重要人物

关于普莱东，参见 C. M. Woodhouse，*Gemistos Plethon*（Clarendon Press：Oxford 1986），特别是 Brigitte Tambrun，*Pléthon*（Vrin：Paris 2006）。

关于菲奇诺，Michael J. B. Allen 的著作是必读书。他的所有著作都很值得推荐，特别是他的 *Synoptic Art*（Leo S. Olschki：

Florence 1998）以及与 James Hankins 合作完成的六卷本翻译 *Platonic Theology*（Harvard University Press：Cambridge，MA/London 2001—2006）。*Marsilio Ficino*（eds Michael J. B. Allen & Valery Rees；Brill：Leiden/Boston/Cologne 2002）和 *Laus Platonici Philosophi*（eds Stephen Clucas，Peter J. Forshaw & Valery Rees；Brill：Leiden/Boston 2011）是两部优秀的文集。最后，参见 Carol V. Kaske 和 John R. Clark 编译的菲奇诺的 *Three Books on Life*（Medieval & Renaissance Texts & Studies/The Renaissance Society of America：Binghamton，New York 1989），这是一部不可或缺的考订版著作。

关于 Lodovico Lazzarelli 和 Giovanni 'Mercurio' da Correggio，参见 Wouter J. Hanegraaff and Ruud M. Bouthoorn，*Lodovico Lazzarelli（1447—1500）：The Hermetic Writings and Related Documents*（Arizona Center for Medieval and Renaissance Studies：Tempe 2005）。

关于皮科，最全面的新近研究是 Steven A. Farmer，*Syncretism in the West：Pico's 900 Theses（1486）*（Medieval & Renaissance Texts & Studies：Tempe 1998）；以及 Crofton Black 的 *Pico's Heptaplus and Biblical Hermeneutics*（Brill：Leiden/Boston 2006）。Chaim Wirszubski，*Pico della Mirandola's Encounter with Jewish Mysticism*（Harvard University Press：Cambridge，MA/London1989）是一部较早的经典著作。除了 Farmer 翻译的皮科的 900 条论题，皮科的其他重要著作大都有英译，载于 Pico，*On the Dignity of Man/On Being and the One/*

Heptaplus（Hackett：Indianapolis/Cambridge 1998）。

169 奇怪的是，我们仍然没有关于罗伊希林及其基督教卡巴拉的现代专著。不幸的是，*On the Art of the Kabbalah* 的英译本（University of Nebraska Press：Lincoln/London 1983）是不可靠的，我们不得不求助于出色但极为昂贵的德译本，载于 Reuchlin's 'Sämtliche Werke' edited by Widu-Wolfgang Ehlers，Hans-Gert Roloff and Peter Schäfer：*Band I*，*1*：*De verbo mirifico/Das wundertätige Wort*（*1494*）and *Band II*，*1*：*De arte cabalistica libri tres/Die Kabbalistik*（Frommann-Holzboog：Stuttgart/Bad Cannstatt 1996 and 2010）。

关于阿格里帕，情况也同样不能让人满意。出版已逾半个世纪的 Charles G. Nauert 的 *Agrippa and the Crisis of Renaissance Thought*（University of Illinois Press：Urbana 1965）仍然是最佳的一般专著；Marc van der Poel，*Cornelius Agrippa*，*the Humanist Theologian and his Declamations*（Brill：Leiden/New York/Köln 1997）非常出色，但关注点在阿格里帕的演说而不是他的《论隐秘哲学》；Christopher Lehrich，*The Language of Demons and Angels*（Brill：Leiden/Boston 2003）所作的诠释在方法论和对来源的处理上很成问题。Vittoria Perrone Compagni 出版了一部卓越的考订版著作 *De occulta philosophia libri tres*（Brill：Leiden/New York/Cologne 1992），但英语读者仍然要依靠 1651 年 James Freake 成问题的翻译，该译本载于 *Three Books of Occult Philosophy*（Llewellyn：St. Paul 1995），隐秘学家 Donald Tyson 对其作了虽然出于好意但却不可靠的注释和评论。

关于约翰内斯·特里特米乌斯及其对魔法的参与，Noel L. Brann，*Trithemius and Magical Theology*（SUNY Press：Albany 1999）是一部优秀的专著。关于法国的基督教卡巴拉主义者 Guillaume Postel，参见 Yvonne Petry，*Gender*，*Kabbalah and the Reformation*：*The Mystical Theology of Guillaume Postel*（*1510—1581*）（Brill：Leiden/Boston 2004）以及 Marion Leathers Kuntz，*Guillaume Postel*（Martinus Nijhoff：The Hague 2010）。关于后来另一位重要的卡巴拉主义者 van Helmont，参见 Allison P. Coudert，*The Impact of the Kabbalah in the Seventeenth Century*：*The Life and Thought of Francis Mercury van Helmont*（*1614—1698*）（Brill：Leiden/Boston/Cologene 1999）。

与罗伊希林和阿格里帕等人的情况不同，约翰·迪伊一直是近年来许多专著的主题，最好先读 Deborah Harkness，*John Dee's Conversations with Angels*（Cambridge University Press：Cambridge 1999），另见 Nicholas H. Clulee，*John Dee's Natural Philosophy*（Routledge：London/New York 1988），György E. Szönyi，*John Dee's Occultism*（SUNY Press：Albany 2004）以及 *John Dee*：*Interdisciplinary Studies in English Renaissance Thought*（ed. Stephen Clucas；Springer：Dordrecht 2006）。一家神秘学出版商将卡索邦的揭露 *A True & Faithful Relation of What Passed for Many Years Between Dr. John Dee and Some Spirits*（orig. 1659）做成了方便易用的摹真本（Magickal Childe Publishers：New York 1992）；但对于迷恋约翰·迪伊"以诺克"语

170

言的隐秘学家们的无数出版物(纸质的或在线的),我们必须极为小心。关于这个话题,参见 Egil Asprem, *Arguing with Angels* (SUNY Press: Albany 2012)。

关于布鲁诺有大量意大利文出版物,质量往往很高,Ingrid Rowland: *Giordano Bruno* (Farrar, Straus & Giroux: New York 2008)是一部极为可读的传记。希望更深入了解布鲁诺哲学的读者可以参见 Hilary Gatti: *Giordano Bruno and Renaissance Science* (Cornell University Press: Ithaca & London 1999), *Essays on Giordano Bruno* (Princeton University Press: Princeton 2011)和 *Giordano Bruno* (ed. Hilary Gatti; Ashgate: Aldershot/Burlington 2002)。布鲁诺的文集可参见 *Opere Magiche*, edited by Michele Ciliberto (Adelphi:Milan 2000),拉丁文和意大利文翻译对开。布鲁诺的意大利文对话都有英译本,特别参见 *The Ash Wednesday Supper* (University of Toronto Press: Toronto/Buffalo/London 1995), *The Expulsion of the Triumphant Beast* (University of Nebraska Press: Lincoln/London 1992); *Cause, Principle and Unity, and Essays on Magic* (Cambridge University Press: Cambridge 1998)和 *The Heroic Frenzies* (Lorenzo da Ponte Italian Library: Los Angeles)。

“自然哲学”和基督教神智学

一般著作

如上所述，费弗尔关于西方神秘学的专著（1994，2000）在很大程度上致力于这一领域，第二卷有一篇对基督教神智学的内容广泛的介绍。此外，*Epochen der Naturmystik*（eds Faivre & Rolf-Christian Zimmermann；Erich Schmidt：Berlin 1979）是一部包含三种语言的优秀文集。Arthur Versluis，*Wisdom's Children*（SUNY Press：Albany 1999）对基督教神智学作了全面概述，但染上了作者强烈的宗教主义色彩。B. J. Gibbons 的两部出色研究都含有误导的标题（“隐秘”[occult]一词在这里几乎不适用），但实际上都可以列入英语世界最出色的基督教神智学研究：*Gender in Mystical and Occult Thought*（Cambridge University Press：Cambridge 1996）和 *Spirituality and the Occult*（Routledge：London/New York 2001）。Andrew Weeks 的 *German Mysticism from Hildegard of Bingen to Ludwig Wittgenstein*（SUNY Press：Albany 1993）将同样的传统置于一个可以追溯到中世纪神秘主义的更大语境中。

171

重要人物

帕拉塞尔苏斯催生了大量学术文献，大都是德文的。可靠的英文传记有 Andrew Weeks, *Paracelsus* (SUNY Press: Albany 1997)和 Charles Webster, *Paracelsus* (Yale University Press: New Haven/London 2008)。对于可以阅读法文的读者来说，Alexandre Koyré, *Mystiques, spirituels, alchimistes du XVIe siècle allemande* (Gallimard: Paris 1971)关于帕拉塞尔苏斯的一章仍然是对帕拉塞尔苏斯主义世界观极为出色的概述。除了几部多卷本的德文原始资料，还有一部简短的文选，即 Nicholas Goodrick-Clarke 的 *Paracelsus: Essential Readings* (North Atlantic Books: Berkeley 1999)，以及几部著作的德英对照版 *Paracelsus ... Essential Theoretical Writings* (ed. Andrew Weeks; Brill: Leiden/Boston 2008)。关于帕拉塞尔苏斯的接受过程有大量德文文献，例如学术期刊 *Nova Acta Paracelsica*（由 Peter Lang 出版）或 Joachim Telle 的许多出版物，包括他编的多卷本 *Parerga Paracelsica* (Franz Steiner: Stuttgart 1991)和 *Analecta Paracelsica* (Franz Steiner: Stuttgart 1994)。*Paracelsus: The Man and his Reputation, his Ideas and their Transformation* (ed. Ole Peter Grell; Brill: Leiden/Boston/Cologne 1998)是一部出色的英文著作，包括 Carlos Gilly 写的一篇特别重要的文章'"Theophrastia Sancta": Paracelsianism as a Religion in Conflict with the Established Churches'(151—185)。Allen G. Debus 曾在一系列重要专著中以"化学论哲学"(Chemical Philosophy)追溯了帕拉塞尔苏斯主义的历史。最后，关于它更广泛的文化影响，参见 Didier Kahn 生动的法文研究 *Alchimie et paracelsisme en France (1567—1625)* (Droz: Geneva 2007)。

172

关于雅各布·波墨的一些最好的学术研究是法文的而不是德文的，参见 Alexandre Koyré 的经典著作 *La philosophie de Jacob Boehme* (Vrin: Paris 1929)以及 Pierre Deghaye, *La naissance de Dieu, ou la doctrine de Jacob Boehme* (Albin Michel: Paris 1985)中富有见地的分析。Andrew Weeks, *Boehme* (SUNY-Press: Albany 1991)令人信服而且可靠，但对波墨著作的幻想和象征维度少了一分敏感。英译本则只能求助于 William Law 在18世纪的翻译，现代译本几乎不存在。至于约翰·格奥尔格·基希特尔和约翰·波德基(其流传下来的著作几乎只有德文的)等后来"波墨主义"传统的作者，参见上述"一般著作"。只有少数片段被译成了英文，载于 Arthur Versluis, *Wisdom's Book* (Paragon House: St. Paul 2000)。

弗里德里希·克里斯托弗·厄廷格的几部关键文本已有出色的考订版，特别参见 *Die Lehrtafel der Prinzessin Antonia* (eds Reinhard Breymayer & Friedrich Häussermann; Walter de Gruyter: Berlin/New York 1977, two volumes)和 *Biblisches und emblematisches Wörterbuch* (ed. Gerhard Schäfer; Walter de Gruyter: Berlin/New York 1999, 2 vols)。关于厄廷格，Wouter J. Hanegraaff, *Swedenborg, Oetinger, Kant* (Swedenborg Foundation: West Chester 2007)是几乎仅有的英文学术著作。

关于路易-克劳德·德·圣马丁的大多数学术著作都是法文的，特别参见 Nicole Jacques-Lefèvre, *Louis-Claude de Saint-Martin (1743—1803)* (Dervy: Paris 2003)。英文传记只有神秘学家 Arthur Edward Waite 的 *The Unknown Philosopher*

(Rudolf Steiner Publications:New York 1970)。圣马丁主要著作的现代法文版很容易获得,但英译本很少。弗朗茨·冯·巴德尔的情况也是如此,Franz Hoffmann 编的他的 16 卷本 *Sämtliche Werke* (Scientia: Aalen 1963)很容易获得。关于巴德尔在西方神秘学语境中的意义,主要专家是费弗尔:参见"一般文献"中他的两部英文著作中的若干章节,以及他的法文著作 *Philosophie de la Nature* (Albin Michel: Paris 1996)。

有入门仪式的会社

玫瑰十字会

玫瑰十字会的几篇宣言被方便地合为一卷,即 Richard van Dülmen 编的 *Fama Fraternitatis (1614)*,*Confessio Fraternitatis (1615)*, *Chymische Hochzeit Christiani Rosencreutz Anno 1459 (1616)* (Calwer: Stuttgart 1973)。前两篇宣言的英译本可见于 Frances A. Yates, *The Rosicrucian Enlightenment* (Ark: London/New York 1972)的附录,但这部名著本身过于思辨,阅读的时候必须非常小心;关于第三篇宣言参见 *The Chemical Wedding of Christian Rosenkreutz* (trans. Joscelyn Godwin; Phanes Press: Grand Rapids 1991)。关于早期玫瑰十字会,最重要的专家是 Carlos Gilly,他用数十年时间来研究这些宣言的接受过程,他的 *Bibliographia Rosicruciana* 为学界热切企盼。Gilly 发表的任何著作都强烈推荐;关于玫瑰十字会最早的背景,参见他的 *Adam*

Haslmayr（In de Pelikaan：Amsterdam 1994）。Christopher McIntosh，*The Rosicrucians*（Samuel Weiser：York Beach 1997）是面向非专业读者的一部易读的玫瑰十字会导论。重要的法国专家 Roland Edighoffer 写了一部专著 *Les Rose-Croix et la Crise de la Conscience européenne au XVIIe siècle*（Dervy：Paris 1998）；*Rosenkreuz als europäisches Phänomen im 17. Jahrhundert*（In de Pelikaan：Amsterdam 2002）是一部用英语、德语、法语写成的特别优秀的文集。关于开始自视为“玫瑰十字会成员”的作者，可参见 Hereward Tilton，*The Quest for the Phoenix：Spiritual Alchemy and Rosicrucianism in the Work of Count Michael Maier（1569—1622）*（Walter de Gruyter：Berlin/New York 2003），174 它反对许多臆想的神话以迈尔和弗拉德等作者为“中介”将共济会追溯到玫瑰十字会（o. c.，27—29）。关于第一个实际的玫瑰十字会组织——金玫瑰十字会（*Gold- und Rosenkreuz*），参见 Christopher McIntosh，*The Rose Cross and the Age of Reason*（1992；repr. SUNY Press：Albany 2011）和 Renko D. Geffarth，*Religion und arkane Hierarchie*（Brill：Leiden/Boston 2007）。关于后来的许多玫瑰十字会组织，参见 Harald Lamprecht，*Neue Rosenkreuzer*（Vandenhoeck & Ruprecht：Göttingen 2004）。

共济会

关于共济会的背景和早期历史，参见 David Stevenson，*The Origins of Freemasonry*（Cambridge University Press：Cambridge

1988)。对英国发展的一般介绍参见 John Hamill, *The Craft* (*Crucible*:*Wellingborough* 1986)。关于妇女与共济会,参见 Jan A. M. Snoek, *Initiating Women in Freemasonry* (Brill: Leiden/Boston 2012)。联系神秘学的其他形式对仪式维度所作的分析,参见 Henrik Bogdan, *Western Esotericism and Rituals of Initiation* (SUNY Press: Albany 2007)。关于共济会在美国,参见 Steven C. Bullock, *Revolutionary Brotherhood* (University of North Carolina Press: Chapel Hill & London 1996)。Marsha Keith Schuchard, *Restoring the Temple of Vision*: *Cabalistic Freemasonry and Stuart Culture* (Brill: Leiden/Boston 2002)虽然基于广泛的研究,但过于思辨:参见与 Andrew Prescott 的通信,载于 *Aries* 4:2 (2004), 171—227。共济会员有大量关于共济会的文献,特别参见期刊 *Ars Quatuor Coronatorum* (accessible-through the Quatuor Coronati Lodge No. 2076, www. quatuor-coronati. com)和 *Renaissance Traditionnelle*: *Revue d'études maçonniques et symboliques* (www. renaissancetraditionnelle. org)。

光照论

关于这个重要主题,几乎所有文献都是法语的(只有 David Allen Harvey, *Beyond Enlightenment*: *Occultism and Politics in Modern France* [Northern Illinois University Press: DeKalb 2005]是例外,但不幸的是它蹈袭前人,而且充满了错误和脱漏)。

Auguste Viatte, *Les sources occultes du Romantisme*, 2 vols (1928; repr. Honoré Champion: Paris 1979)是该领域不可或缺且几乎无法穷尽的经典著作。René le Forestier, *La Franc-Maçonnerie Templière et Occultiste aux XVIIIe et XIXe siècles*, 2 vols. (repr. La Table d'émeraude: Paris 1987)和 *La Franc-Maçonnerie occultiste au XVIIIe siècle & l'Ordre des élus Coens* (repr. La Table d'émeraude: Paris 1987)也是权威参考书。关于让-巴蒂斯特·维莱莫的关键人格,参见 Alice Joly, *Un mystique Lyonnais et les secrets de la Franc-Maçonnerie* (1938; Télètes: Paris n. d.)。关于现代学术,参见费弗尔的许多著作;关于百科全书式的概述,参见 Karl R. H. Frick, *Die Erleuchteten* (Akademische Druck- und Verlagsanstalt: Graz 1973)。关于法国浪漫主义更广的背景,参见 Arthur McCalla, *A Romantic Historiosophy* (Brill: Leiden/Boston/Cologne 1998)。

现代主义隐秘知识

一般著作

关于神秘学与启蒙运动的关系,Monika Neugebauer-Wölk 在德国做了开创性的工作:参见她编的两卷本著作 *Aufklärung und Esoterik* (Felix Meiner: Hamburg 1999; Max Niemeyer: Tübingen 2008)。这种研究在英语世界的学术中仍然几乎未知,尽管偶有像 *The Super-Enlightenment* (ed. Dan Edelstein;

Voltaire Foundation: Oxford 2010)这样的出版物,表明对该论题的重要性有所认识,但对于用法语和德语写成的相关学术成果并不很熟悉。关于19世纪和20世纪初,James Webb的经典著作 *The Occult Underground and The Occult Establishment* (Open Court: La Salle, IL 1974, 1976)仍然是非常有用的介绍。Joscelyn Godwin, *The Theosophical Enlightenment* (SUNY Press: Albany 1994)信息极为丰富,是该领域不可或缺的研究基础。最后,俄国自成一个领域:这方面学术的迅速发展可参见 *The Occult in Russia and Soviet Culture* (ed. Bernice Glatzer Rosenthal; Cornell University Press: Ithaca/London 1997)和 *The New Age of Russia: Occult and Esoteric Dimensions* (eds Birgit Menzel, Michael Hagemeister & Bernice Glatzer Rosenthal; Otto Sagner: Munich/Berlin 2012)。

176

斯威登堡

迄今为止最全面的研究是 Friedemann Stengel, *Aufklärung bis zum Himmel* (Mohr Siebeck: Tübingen 2011),它的一些主要结论可见于 Wouter J. Hanegraaff, *Swedenborg, Oetinger, Kant* (Swedenborg Foundation: West Chester 2007)。在英语文献中,Martin Lamm, *Emanuel Swedenborg* (1915; repr. Swedenborg Foundation: West Chester 2000)和 Ernst Benz, *Emanuel Swedenborg* (Swedenborg Foundation: West Chester 2002)是最好的传记研究。也许当代最出色的斯威登堡专家是 Inge Jonsson,参见他出

色的 *Visionary Scientist* 和 *The Drama of Creation*（Swedenborg Foundation：West Chester 1999 and 2004）。Marsha Keith Schuchard 的巨著 *Emanuel Swedenborg, Secret Agent on Earth and in Heaven*（Brill：Leiden/Boston 2011）极为博学，但构建了一种缺乏证据支持的卡巴拉神秘学背景。

催眠术和梦游症

最佳的英文通史著作是 Adam Crabtree，*From Mesmer to Freud*（Yale University Press：New Haven/London 1993）和 Alan Gauld，*A History of Hypnotism*（Cambridge University-Press：Cambridge 1992）。法文的参见 Bertrand Meheust，*Somnambulisme et médiumnité*，2 vols.（Synthélabo：Le Plessis-Robinson 1999）。对于英国背景来说，Alison Winter，*Mesmerized*（University of Chicago Press：Chicago/London 1998）特别出色。不幸的是，德国催眠术并无类似的现代研究。关于现代心理学和精神病学的催眠术根源，Henri F. Ellenberger，*The Discovery of the Unconscious*（Basic Books：New York 1970）仍然是一部不可或缺的参考书。关于"新思想"的谱系，参见 Robert C. Fuller，*Mesmerism and the American Cure of Souls*（University of Pennsylvania Press：Philadelphia 1982）。关于朝着美国"形而上学宗教"的更大发展，参见 Catherine L. Albanese，*A Republic of Mind & Spirit*（Yale University Press：New Haven/London

177

2007)这部权威著作。

唯灵论

对英国来说，Janet Oppenheim，*The Other World* (Cambridge University Press：Cambridge 1985)是一部优秀的权威历史著作。对美国来说，R. Laurence Moore，*In Search of White Crows* (Oxford University Press：Oxford/New York 1977)仍然是一部权威著作；但现在可参见 Cathy Gutierrez，*Plato's Ghost* (Oxford University Press：Oxford/New York 2009)。关于法国，参见 John Warne Monroe，*Laboratories of Faith* (Cornell University Press：Ithaca/London 2008)。关于德国，最佳选择是 Diethard Sawicki，*Leben mit den Toten* (Schöningh：Paderborn，etc. 2002)。

法国隐秘学

Christopher McIntosh，*Eliphas Lévi and the French Occult Revival* (Rider & Co.：London1972)是一部较早但仍然有用的导论。Jean-Pierre Laurant，*L'ésotérisme chrétien en France au XIXe siècle* (L'Age d'Homme：Lausanne 1992)出自一位著名专家之手，但非常难读。奇怪的是，除了上面提到的 James Webb 的较早概述，很难找到任何可靠的现代研究来讨论整个 19 世纪末巴黎的隐秘学，或者像帕皮斯这样的核心人物和马丁主义环境。

传统主义

最佳的现代专著是 Mark Sedgwick，*Against the Modern World*（Oxford University Press：Oxford/New York 2004）；关于 178 导向美国长青主义的接受史，参见 Setareh Houman，*De la philosophia perennis au pérennialisme américain*（Archè：Milan 2010）。Robin Waterfield，*René Guénon and the Future of the West*（Crucible：Wellingborough 1987）是一部用英文写成的关于盖农的简短通俗传记，Jean-Pierre Laurant，*René Guénon*（Dervy：Paris 2006）是一部更为全面的权威法文著作。Xavier Accart，*Guénon ou le renversement des clartés*（1920—1970）（Edidit/Archè：Paris/Milan 2005）生动地记录了盖农在法国的影响。关于像舒昂、纳斯尔或史密斯这样的重要人物，参见 Sedgwick and Houman。研究尤利乌斯·埃沃拉的最好专家 Hans Thomas Hakl 已经写了多篇介绍和文章来讨论埃沃拉，但尚无内容全面的专著问世。

现代神智学

目前尚无海伦娜·布拉瓦茨基的学术传记，但有许多出色的著作讨论了她的继承者：参见 Stephen Prothero，*The White Buddhist：The Asian Odyssey of Henry Steel Olcott*（Indiana University Press：Bloomington/Indianapolis 1996），Gregory

Tillett, *The Elder Brother*: *A Biography of Charles Webster Leadbeater* (Routlege & Kegan Paul: London, etc. 1982)以及Arthur H. Nethercot, *The First Five Lives of Annie Besant* 和 *The Last Four Lives of Annie Besant* (Rupert Hart-Davis: London 1961 and 1963)。关于现代神智学有大量文献(参见Michael Gomes, *Theosophy in the Nineteenth Century*: *An Annotated Bibliography* (Garland: New York/London 1994)),其中许多出自神智学家之手,但并无普遍公认的学术权威著作。独立的学术期刊 *Theosophical History* 及其附属的'Occasional papers'丛书包含有丰富的信息(参见 www.theohistory.org)。

人智学

2007年以前,关于这个主题的几乎一切读物都是人智学家写的,充斥着他们的特定偏见,只有一部较早的英语研究著作Geoffrey 179 Ahern, *Sun at Midnight*: *The Rudolf Steiner Movement and the Western Esoteric Tradition* (Aquarian Press: Wellingborough 1984)算是个例外。但现在 Helmut Zander, *Anthroposophie in Deutschland*, 2 vols. (Vandenhoeck & Ruprecht: Göttingen 2007)业已出版,它是所有未来人智学学术不可或缺的、几乎无法穷尽的基础。

隐秘主义魔法

关于先驱者帕斯卡尔·贝弗利·伦道夫的权威著作是 John

Patrick Deveney，*Paschal Beverly Randolph*（SUNY Press：Albany 1997）；参见与之密切相关的著作 Joscelyn Godwin，Christian Chanel and John P. Deveney，*The Hermetic Brotherhood of Luxor*（Samuel Weiser：York Beach 1995）。关于金色黎明会，Ellic Howe，*The Magicians of the Golden Dawn*（1972；repr. Samuel Weiser：York Beach 1978）仍是一部不可或缺的历史著作；当代最出色的专家是 Robert A. Gilbert，特别参见他的 *The Golden Dawn Companion*（Aquarian Press：Wellingborough 1986）。关于神秘学在德国的更广泛背景，尤其是特奥多尔·罗伊斯，参见 Helmut Möller and Ellic Howe，*Merlin Peregrinus*（Königshausen & Neumann：Würzburg 1986）这部经典著作。关于阿莱斯特·克劳利，最佳参考书是 Marco Pasi，参见他的 *Aleister Crowley and the Temptation of Politics*（Equinox：London 2013）和重要论文 'Varieties of Magical Experience：Aleister Crowley's Views on Occult Practice'，*Magic*，*Ritual & Witchcraft* 6：2（2011），123—162。关于现有克劳利传记的优点，参见 Pasi，'The Neverendingly Told Story：Recent Biographies of Aleister Crowley'，*Aries* 3：2（2003），224—245。最后参见新的文集 *Aleister Crowley and Western Esotericism*（eds Henrik Bogdan & Martin P. Starr；Oxford University Press：Oxford/New York 2012）。

葛吉夫主义

关于葛吉夫及其追随者的一般历史，参见 James Webb，*The*

Harmonious Circle（Thames & Hudson：London 1980）；James Moore：*Gurdjieff*（Element：Shaftesbury etc. 1999）是一部可靠的葛吉夫传记。

180

“二战”后的神秘学

关于“异端宗教环境”现象，包括对 Colin Campbell 1972 年经典论文的重印，参见 Jeffrey Kaplan and Helène Lööw（eds），*The Cultic Milieu*（AltaMira：Walnut Creek 2002）。关于对 20 世纪五六十年代的全面讨论，参见 Robert S. Ellwood，*The Fifties Spiritual Marketplace* 和 *The Sixties Spiritual Awakening*（Rutgers University Press：New Brunswick/New Jersey 1997 and 1994）。Steven J. Sutcliffe，*Children of the New Age*（Routledge：London/New York 2003）就定义问题作了一些不必要的争论，但很好地分析了早期英国“严格意义上的新时代”及其在爱丽斯·贝利启发下的千禧年渴望。关于“UFO 宗教”在“原新时代”（Proto-New Age）和之后所扮演的角色有许多现代学术成果，例如 *The Gods have Landed*（ed. James R. Lewis；SUNY Press：Albany 1995）和 *UFO Religions*（ed. Christopher Partridge；Routledge：London/New York 203）。从历史角度来解释新时代运动的最全面努力是 Wouter J. Hanegraaff，*New Age Religion and Western Culture：Esotericism in the Mirror of Secular Thought*（1996；SUNY Press：Albany 1998），它强调新时代运动的思想及其在西方神秘学中的背景，将其发展从一个“原

新时代”经由英国/神智学/千禧年“严格意义上”的新时代追溯到20世纪80年代以来“一般意义上”的新时代。Olav Hammer, *Claiming Knowledge*（Brill：Leiden/Boston/Cologne 2001）是关于现当代神秘学“认识论策略”的一部开创性的批判性研究。关于讨论新时代的最新进路，参见 Daren Kemp and James R. Lewis, *Handbook of New Age*（Brill：Leiden/Boston 2007）。

新异教主义已经产生了品质不一的大量学术文献。Ronald Hutton, *The Triumph of the Moon*：*A History of Modern Pagan Witchcraft*（Oxford University Press：Oxford/New York 1999）是一部无可争议的权威著作，并且是任何进一步研究的出发点。Tanya M. Luhrmann, *Persuasions of the Witch's Craft*（Harvard University Press：Cambridge, MA 1989）是一部卓越的人类学分析著作。*Magical Religion and Modern Witchcraft*（ed. James R. Lewis；SUNY Press：Albany 1996）是一部优秀的文集。

Jeffrey J. Kripal 极为原创的作品展示了处理当代大众文化中的神秘学的一种新方法，特别参见他的 *Mutants & Mystics*：*Science Fiction, Superhero Comics, and the Paranormal*（University of Chicago Press：Chicago/London 2011）。这条学术进路尚在起步阶段，但我们可以看到，它对于研究漫画、电影、视频游戏和互联网等大众媒体的基本上仍未开发的神秘学维度很有潜力。最后，Egil Asprem and Kennet Granholm（eds.）, *Contemporary Esotericism*（Equinox：Sheffield 2012）正确地强调，应当通过研究此时此地正在发生什么来补充西方神秘学的历史进路。

人名索引

（所标页码为英文原书页码，请参照本书边码）

主题索引

（所标页码为英文原书页码，即本书边码）

译 后 记

2016年2月底的一天,我无意中看到一篇名为"Perspective 2016"的博客文章,其沉静的文风、忧郁的笔调、对科学技术与人类命运关系的深刻思考、带有神秘色彩的配图,都引起了我深深的共鸣。我顺藤摸瓜查到博主即本书作者乌特·哈内赫拉夫(Wouter J. Hanegraaff),他的研究领域是所谓的"西方神秘学"(western esotericism)。我虽然接触过不少相关内容,对此也非常感兴趣,但此前从不知道这已经成为一个专门的学术领域,因为这些内容对中国学界来说实在是太过陌生和超前了。于是,我给乌特写了封电子邮件致以问候,并提出希望翻译他新出不久的入门读物《西方神秘学指津》(*Western Esotericism: A Guide for the Perplexed*, 2013)。乌特很快便给我写了热情而友好的回信,并对我的选择作出肯定。我们便这样结识了。

乌特·哈内赫拉夫是目前世界上西方神秘学领域最顶尖的学者之一。他1982—1987年在兹沃勒(Zwolle)市立音乐学院学习古典吉他,1986—1990年在乌得勒支大学学习文化史,专业方向是20世纪的另类宗教运动。1992—1996年,他在乌得勒支大学的宗教学系任研究助理,在那里撰写了博士论文《新时代宗教与西方文化:世俗思想映照下的神秘学》(*New Age Religion and*

Western Culture: *Esotericism in the Mirror of Secular Thought*)。1999年,他被任命为阿姆斯特丹大学赫尔墨斯主义哲学和相关思潮史(History of Hermetic Philosophy and Related Currents)的全职教授。2002—2006年,他担任了荷兰宗教研究会(Dutch Society for the Study of Religion,NGG)的主席,2005—2013年任欧洲西方神秘学研究会(European Society for the Study of Western Esotericism,ESSWE)主席。2006年,他当选荷兰皇家艺术与科学院(Koninklijke Nederlandse Academie van Wetenschappen,KNAW)院士,2013年起成为欧洲西方神秘学研究会的荣誉会员。除了刚才提到的《西方神秘学指津》和《新时代宗教与西方文化:世俗思想映照下的神秘学》,乌特的主要著作还有《神秘学与学术界:西方文化中的被拒知识》(*Esotericism and the Academy*:*Rejected Knowledge in Western Culture*, Cambridge University Press, 2012)等,并参与合编了目前西方神秘学内容最全面的工具书《灵知与西方神秘学词典》(*Dictionary of Gnosis and Western Esotericism*, edited by Wouter J. Hanegraaff, Antoine Faivre, Roelof van den Broek and Jean-Pierre Brach, Brill: Leiden/Boston 2005)以及其他种种学术著作。

所谓"神秘学"是我对"esotericism"一词的翻译。"esotericism"的字面含义是"秘传的"、"只有内行才懂的"知识,与"公开的"知识相对。但若把这个词译成"秘传学"、"秘学"、"密教",或者采用"秘契主义"等其他一些已有的译法,则要么显得别扭和拗口,要么词不达意。考虑再三,我还是决定把它译成"神秘学",一来这种译法通俗易懂,大家一看就能大致理解其基本含义,二来这个词所包含的范围后来不断扩大,并非只局限于"秘传",而且正如文中所说,我们可能永远也无法给出它的恰当定义,所以翻译时也不必过分拘泥于它的字面含义。

我曾在《科学史译丛》总序中专辟一段阐述为什么要注重对西方神秘学传统的研究。其中说道:"这个鱼龙混杂的领域类似于中国的术数或玄学,包含魔法、巫术、炼金术、占星学、灵知主义、赫尔墨斯主义及其他许多内容,中国人对它十分陌生。事实上,神秘学传统可谓西方思想文化中足以与'理性'、'信仰'三足鼎立的重要传统,与科学技术传统有着密切的关系。不了解神秘学传统,我们对西方科学、技术、宗教、文学、艺术等的理解就无法真正深入。"译丛出版后,不少朋友都对总序中的这段话产生了极大兴趣,期待尽快看到相关的书籍。翻译《西方神秘学指津》便是我履行此"承诺"的一点努力,以后有时间我也许还会译一些相关的著作。译完此书,我更加坚信西方神秘学研究对于理解包括西方科学在内的西方文明中的一切现象都会起到至关重要的作用,对于更深入地认识中国古代文明、剖析当今中国的灵性市场和宗教文化乱象也会有很大启发。

"西方神秘学"其实不是自然术语,也不是业已存在的独立传统,而是现代的学术建构。大致可以说,神秘学就是被主流科学、哲学、宗教的正统所排斥的知识。这些"被拒知识"(rejected knowledge)在西方思想文化史上争取霸权的斗争中落败,包含着被启蒙思想家抛入历史垃圾堆的一切事物。也正因如此,神秘学可以说是现代学术研究中最大的未知领域,没有任何人文领域受到过如此严重的忽视,以及有如此之多的偏见和误解。对神秘学领域的研究有两大障碍:一是学术界对神秘学有一种根深蒂固的偏见,认为对神秘学不值得做学术研究;二是神秘学可谓跨学科程度最广的领域,对它的研究无法清晰地纳入任何特定学科。我们对“神秘学”的理解与如何看待自己紧密联系在一起,我们作为知识分子或学者的身份依赖于暗自拒绝这种身份的反面。这一拒斥过程导致我们在学术上对宗教史、哲学史和科学史上的重大发展惊人地无知,从而引出了一些极为贫乏的观点。在所有这三个领域,关键问题在于,前人已经基于“正确”和“错误”的宗教、哲学和科学书写了这三者的历史。历史学家往往会把重点放在他们认为有趣和重要的东西上,而不是尊重我们在历史记录中实际发现的复杂的东西。在对历史花园进行探索时,他们就像园丁一样专心培育自己的花草,悄悄地去除杂草,而不是从生物学家的角度来审视同一个历史花园,看到一个具有自身价值的复杂生物系统。在这个意义上,神秘学领域对于整个学术研究具有潜在的爆炸性含义。

《西方神秘学指津》堪称目前西方神秘学领域最好的学术入门书,此前也曾出版过几部同类著作,但都存在着这样那样较为严重的问题。不过,它虽然是一门入门书,读起来却毫不轻松。书中不少地方写得过于简练和致密,作者又不愿为了一味地迎合读者而牺牲准确性和学术品味。要想用短短 200 多页的篇幅几乎面面俱到地阐述如此庞杂的一个领域,实在是很难。就此而言,我觉得作者的努力是非常成功的。读者们若是反复认真研读,定会发现作者的高超水平、巧妙布局和良苦用心。我当然也是个初学者,书中许多内容我都非常陌生,在翻译上必定存在着不少问题,恳请广大读者批评指正!

张卜天

清华大学科学史系

2017年7月8日

图书在版编目（CIP）数据

西方神秘学指津 /（荷）乌特·哈内赫拉夫著；张卜天译．—北京：商务印书馆，2018（2024.11 重印）
（科学史译丛）
ISBN 978－7－100－13985－4

Ⅰ．①西…　Ⅱ．①乌…　②张…　Ⅲ．①科学史学－研究　Ⅳ．①N09

中国版本图书馆 CIP 数据核字(2017)第 118449 号

科学史译丛

西方神秘学指津

〔荷〕乌特·哈内赫拉夫 著

张卜天 译

商 务 印 书 馆 出 版
（北京王府井大街36号　邮政编码100710）
商 务 印 书 馆 发 行
北京中科印刷有限公司印刷
ISBN 978－7－100－13985－4

2018 年 1 月第 1 版　　开本 880×1230 1/32
2024 年 11 月北京第 10 次印刷　　印张 8⅜

定价：52.00 元

《科学史译丛》书目

第一辑(已出)

文明的滴定:东西方的科学与社会	〔英〕李约瑟
科学与宗教的领地	〔澳〕彼得·哈里森
新物理学的诞生	〔美〕I. 伯纳德·科恩
从封闭世界到无限宇宙	〔法〕亚历山大·柯瓦雷
牛顿研究	〔法〕亚历山大·柯瓦雷
自然科学与社会科学的互动	〔美〕I. 伯纳德·科恩

第二辑(已出)

西方神秘学指津	〔荷〕乌特·哈内赫拉夫
炼金术的秘密	〔美〕劳伦斯·普林西比
近代物理科学的形而上学基础	〔美〕埃德温·阿瑟·伯特
世界图景的机械化	〔荷〕爱德华·扬·戴克斯特豪斯
西方科学的起源(第二版)	〔美〕戴维·林德伯格
圣经、新教与自然科学的兴起	〔澳〕彼得·哈里森

第三辑(已出)

重构世界	〔美〕玛格丽特·J.奥斯勒
世界的重新创造:现代科学是如何产生的	〔荷〕H.弗洛里斯·科恩
无限与视角	〔美〕卡斯滕·哈里斯
人的堕落与科学的基础	〔澳〕彼得·哈里森
近代科学在中世纪的基础	〔美〕爱德华·格兰特
近代科学的建构	〔美〕理查德·韦斯特福尔

第四辑

希腊科学(已出)	〔英〕杰弗里·劳埃德
科学革命的编史学研究(已出)	〔荷〕H.弗洛里斯·科恩
现代科学的诞生(已出)	〔意〕保罗·罗西
西方神秘学传统	〔英〕尼古拉斯·古德里克-克拉克
时间的发现	〔英〕斯蒂芬·图尔敏 〔英〕琼·古德菲尔德